Ueber
Maass und Messen
oder
Darstellung
der bei
Zeit-, Raum- und Gewichts-Bestimmungen üblichen Maasse, Messinstrumente und Messmethoden,

nebst

Reductionstafeln

von

Dr. H. W. Dove,
ausserord. Professor an der Universität in Berlin.

Zweite, sehr vermehrte und berichtigte Auflage.

Berlin, 1835.
Verlag der Sanderschen Buchhandlung.
(C. W. Eichhoff.)

Vorwort zur zweiten Auflage.

In dem ersten Theile dieser kleinen Schrift habe ich die Verhältnisse der Maasse und Gewichte festzustellen gesucht, welche bei naturwissenschaftlichen Untersuchungen vorzugsweise gebraucht werden, nämlich die des altfranzösischen, metrischen und englischen Maasssystems, und zugleich die Beziehungen derselben zu dem preussischen Maasse und Gewichte angegeben, welche, als gegründet auf den alten rheinländischen Fuss, die natürlichsten Vermittler zwischen Grössenangaben und der Anschauung eines deutschen Lesers sind. Der zweite Theil enthält eine Darstellung der Methoden, durch welche man bei dem Messen der Zeit, des Raumes und des Gewichts nach den bisherigen Erfahrungen die grösste Genauigkeit erhält, nebst einer Andeutung der für unsre Sinne bei verschiedenen Graden der Schärfung derselben hierbei erreichbaren Grenzen. Eine in das Einzelne gehende Beschreibung der Messinstrumente würde die Schrift bedeutend vergrössert haben, was ich zu vermeiden wünschte. Es kam daher hier vorzugsweise nur darauf an, den Gedanken anzudeuten, welchen der Künstler durch das Instrument zu realisiren suchte. Eigentliche Winkelinstrumente sind deswegen ebenfalls von der Betrachtung ausgeschlossen worden, dagegen die mikrometrischen Vorrichtungen der Fernröhre und Mikroskope ausführlich erwähnt. Das historische Element durfte in der Darstellung nicht vorwalten, es absichtlich zurückzudrängen wäre aber noch weniger zu rechtfertigen gewesen. Es ist daher, so weit es hier möglich war, berücksichtigt worden. Die beigefügten Reductionstafeln sind in dieser Ausgabe von Neuem und zwar nach den Ergebnissen der in Deutschland, Holland, England und Amerika neuerdings angestellten directen Vergleichungen berechnet und sehr erweitert worden. Aus der Uebereinstimmung der durch diese Vergleichungen erhaltenen Resultate unter einander geht nämlich hervor, dass bei den früher als richtig angenommenen durch Berechnung gefundenen Verhältnissen der Gewichtseinheiten nicht mehr stehen geblieben werden kann. Die Erweiterung dieser Tafeln, die Einschaltung der Abschnitte über Compensation bei Uhren, über Mikrometer und Vergrösserung optischer Instrumente, so wie die Vervollständigung andrer Abschnitte hat bewirkt, dass die zweite Auflage anderthalb mal so stark als die erste geworden ist. Diese Vergrösserung wird mich bei dem Beurtheiler der ersten Auflage in der Leipziger Literaturzeitung entschuldigen, dass ich seinem Wunsche, auch das Messen der Kräfte mit in die Betrachtung aufzunehmen, nicht habe entsprechen können. Da eine Vergleichung dieser Auflage mit der ersten ausserdem zeigt, wie sehr ich selbst das früher Gegebene zu berichtigen für nothwendig gehalten habe, so darf ich wohl nicht erst versichern, dass mir jede von Andern gegebene Berichtigung ebenfalls willkommen sein wird.

Berlin, im September 1834.

H. W. Dove.

Inhalt.

I. *Maass.*

II. Messen.

III. *Tafeln.*

Verbesserungen.

p. 4. Z. 7. v. u. mittlere Zeit statt Sternzeit.
p. 11. letzte Zeile liess indivisible.
p. 12. Z. 7. und p. 37. Z. 4. liess 443.296 statt 444.296.
p. 30. Z. 7. v. u. liess 2 statt 0
p. 51. Z. 6. am Ende liess 8 statt 7
p. 51. Z. 13. liess 467.71101 statt 467.1101
p. 95. Z. 10 u. 20. v. u. liess glass statt glasses.
p. 175. Z. 1. v. u. liess 41.188690 statt 41.188680.

I. Maass.

Von jeder einzelnen Wahrnehmung können wir sagen, dass wir sie jetzt und hier gemacht haben. Wir sprechen es daher als eine allen Naturkörpern zukommende Bestimmung aus, dass sie zeitlich und räumlich sind. Die Art der räumlichen Bestimmung hat ihre besondre Betrachtung in der Geometrie gefunden. Dazu aber, dass ein Körper ein physikalischer sei, gehören noch andre Bestimmungen, d. h. der geometrische Raum muss erfüllt sein. Eine Vorstellung dieser Erfüllung erhalten wir durch den Widerstand, welchen wir finden, wenn wir in den Raum eindringen wollen, welchen der Körper einnimmt und, indem wir die Erfahrungen, welche wir an dem Körper machen, auf ihn übertragen als ihm zukommende Bestimmungen, sagen wir, dass der Körper uns ausschliesst von dem Raume, welchen er einnimmt. Wir selbst verhalten uns aber hierbei zu dem Körper als sinnliche Körperindividuen. Eine nähere Betrachtung zeigt, dass der Körper wie uns so andre Körper von seinem Raum ausschliesst, wir sagen daher, dass er für andre undurchdringlich ist.

Nennen wir nun Materie jenes Erfüllende für sich betrachtet, ohne Rücksicht auf die nähere

Determination, welche sie zu diesem besondern Körper macht, ist sie uns also nicht ein seiendes Ding, sondern das „Sein als allgemeines," so werden, da Zeit, Raum und Materie Bestimmungen sind, welche in jede sinnliche Wahrnehmung eintreten, die einzelnen Wahrnehmungen in Beziehung auf sie sich nur quantitativ unterscheiden können. Diese Unterschiede anzugeben bedarf es einer gemeinschaftlichen Einheit, eines Maasses, welches entweder durch die Natur gegeben oder durch Uebereinkommen festgestellt sein kann. Natürliche Maasse haben einen doppelten Vortheil, für die Gegenwart, dass bei ihrer Einführung sich die Völker am ersten über ihre gemeinschaftliche Benutzung einigen werden, für die Zukunft, dass man immer wieder von der Natur das Maass entlehnen kann, wenn auch alle Exemplare verloren gegangen sind.

1. Natürliche Maasse.

1. Zeitmaass. Nennen wir wahren Sonnentag die Zeit, welche von einem sichtbaren Durchgang des Mittelpunkts der Sonne durch den Mittagskreis bis zu dem nächstfolgenden vergeht, so finden wir, dass die Länge dieses Sonnentages innerhalb des Jahres periodisch sich ändert, und zwar zur Zeit der Wintersonnenwende am grössten ist, bei der Sommersonnenwende hingegen am kleinsten. Da aber dieselben Längen nach durchlaufener Periode wiederkehren, so wird der mittlere Sonnentag eine beständige Grösse sein, welche wir als Maasseinheit der Messung der Zeit zum Grunde legen können. Aber es bietet sich

noch eine andre dar, welche die verlangte Beständigkeit unmittelbar giebt, nämlich die Zeit, welche zwischen zwei aufeinanderfolgenden Durchgängen desselben Fixsternes durch den Mittagskreis verfliesst, und welche genau dieselbe ist, an welchem der Fixsterne wir die Beobachtung auch anstellen. Nennen wir nun Sterntag die zwischen beiden höchsten Ständen des Sternes verflossene Zeit, so sieht man leicht, dass die Länge des Sonnentages dieselbe sein würde als die des Sterntages, wenn die Sonne einen unveränderten Stand gegen die Fixsterne behauptete. Rückte sie beständig in demselben oder in dem der Bewegung der Fixsterne entgegengesetzten Sinne und zwar mit gleichförmiger Geschwindigkeit fort, so würde zwischen beiden ein beständiger Unterschied stattfinden, die Sonne also unmittelbar mittlere Zeit angeben. Da aber ihre scheinbare Bahn am Himmelsgewölbe geneigt ist gegen den Aequator, da sie ausserdem in derselben im Winter rascher fortrückt als im Sommer, so wird der wahre Sonnentag ein veränderliches Verhältniss zu dem Sterntage erhalten.

Es ist ziemlich gleichgültig, auf welche Weise wir einen bestimmten Zeitpunkt angeben, ob in Beziehung auf den wirklichen Stand der Sonne zu diesem Zeitpunkt d. h. in wahrer Zeit, oder in Beziehung auf den Standpunkt einer eingebildeten Sonne, von welcher wir annehmen, dass sie gleichförmig in derselben Zeit den Aequator durchlaufe, in welcher die wirkliche die Ecliptik beschreibt, d. h. in mittlerer Zeit, oder endlich mit Rücksicht auf den Stand des Fixsternhimmels d. h. in Sternzeit; aber es ist natürlich, dass wir die zwischen zwei Zeitpunkten verflossene Zeit, wenn wir sie messen, d. h. als ein Vielfaches einer als Einheit angenommenen Dauer ausdrücken, auf ein unveränderliches Maass zurückführen werden. Daher geschehen Angaben der Zeitdauer in mittlerer Zeit oder in Sternzeit.

Ueber die Eintheilung des Tages in 24 Stunden, der Stunde in 60 Minuten, der Minute in 60 Secunden haben sich alle Völker geeinigt. Nur in der französischen Revolution, als die Decimaltheilung überall durchgeführt werden sollte, theilte man den Tag in 10 Stunden, die Stunde in 100 Minuten, die Minute in 100 Secunden. Man begreift das Wünschenswerthe einer Neuerung wohl, wenn mannigfache Maasseinheiten zeitraubende Reductionen nöthig machen. Das Unpraktische derselben leuchtet aber ein, wo diess nicht stattfindet. Daher hat sie auch der Versicherung der Franzosen, dass sie vortrefflich sei, ungeachtet, nirgends Eingang gefunden. Sie haben sie endlich selbst aufgegeben. Die conventionelle Eintheilung des Tages in 86400 Sexagesimalsecunden ist daher jetzt allgemein. Die Länge des Sterntages verhält sich aber zu der Länge des mittleren Sonnentages wie 1 : 1.0027379 oder die Länge des Sterntages ist 86164.09 Secunden, von denen 86400 einen mittleren Sonnentag machen, also $= 23^h\ 56'\ 4''.09$ Sternzeit.

Eine wichtigere Frage aber ist, ob das als unveränderlich angenommene Maass: der Sterntag, wirklich unveränderlich ist. Grosse Massen vom Pole nach dem Aequator geführt, würden die Rotation der Erde verlangsamen, in entgegengesetztem Sinne bewegt sie beschleunigen. Es ist nicht anzunehmen, dass eine, selbst Jahrtausende fortgesetzte, in diesem Sinne einseitige Thätigkeit der Menschen, z. B. durch den Handel, je die Länge des Tages verändern wird. Die Temperatur des Erdkörpers aber, bedingt durch seine eigenthümliche Wärme und die Insolation scheint schon seit lange zu einem Zustande des Gleichgewichts gekommen zu sein[1]), so dass eine mit fortdauernder Abkühlung steigende Drehungsgeschwindigkeit nicht anzunehmen ist.

Im gewöhnlichen Leben geschehen Zeit-Angaben nach bürgerlicher Zeit. Der bürgerliche Tag fängt 12 Stunden früher als der astronomische an, welcher Mittags beginnt. Seeleute geben ihre Bestimmung vorzugsweise in wahrer Zeit an, weil für sie die Zeitdifferenz ihres Mittags von dem eines gegebenen Meridians, z. B. des von Greenwich, hauptsächlich Interesse hat. Astronomen gebrauchen am häufigsten Sternzeit. Von einer ohne nähere Angabe bestimmten Dauer kann man voraussetzen, dass sie in mittlerer Zeit ausgedrückt sei.

2. Raummaass. Auch hier hat man natürliche Einheiten gesucht. Elle, Fuss, Zoll, sind von dem menschlichen Körper entlehnt. Aber wie schwankend ist eine solche Bestimmung. Daher musste man sich an bestimmte Individuen halten. So ist der englische *yard*, altsächsiche *gyrd*, von dem Arm Heinrich des Ersten entlehnt, der *pied*

---

1) Die für die Unveränderlichkeit der Wärme des Erdkörpers sprechenden Erscheinungen sind am vollständigsten von Arago im *Annuaire pour* 1834 zusammengestellt worden.

de roi deutet auf seinen besondern Ursprung; in Deutschland aber, wo man nie speciell genug sein kann, hat fast jede grössere Stadt ihren besondern Fuss. Da die Natur bei organischen Gebilden sich in den mannigfachsten Nüancirungen gefällt, so ist klar, dass sie dort bei einer bestimmten unveränderlichen Form festhalten wollen, ein vergeblicher Versuch bleiben wird, eher lässt sich im Unorganischen Unveränderliches erwarten.

Der Raum, durch welchen ein freifallender Körper in der Zeitsecunde an einem bestimmten Orte fällt, ist eine bestimmte Grösse. Von diesem Fallraum hängt die Länge des einfachen Pendels ab, dessen Schwingung eine Secunde dauert. Ein einfaches Pendel denkt man sich bestehend aus einem materiellen Punkte, am Ende eines Fadens aufgehängt, welcher keine Schwere hat, unbiegsam und unausdehnbar ist und mit seinem andern Ende an einem festen Punkte befestigt ist. Die Länge dieses gedachten Pendels kann aus der Länge eines materiellen Pendels mit Berücksichtigung der Gestalt, Grösse und des Gewichtes seiner Bestandtheile berechnet werden. Diese durch Rechnung aus der Beobachtung gefundene Länge ist also eine bestimmte Grösse, welche durch Wiederholung der Versuche immer wieder gefunden werden kann, d. h. eine natürliche Längeneinheit.

Eine andre natürliche Einheit wird durch die Entfernung zweier bestimmten Punkte auf der Oberfläche der Erde gegeben, deren Messung zu jeder Zeit sich wiederholen lässt.

Aber man ist noch weiter gegangen. Veränderungen, welche die Erde erleiden könnte, z. B.

durch das Zusammenstossen mit einem Kometen, würden jene Maasse verändern. Man hat daher auf Versuche gedacht, welche eine von der Gestalt der Erde unabhängige Länge geben. So hat Davy als Maasseinheit die Weite des Haarröhrchens vorgeschlagen, in welchem eine bestimmte Flüssigkeit so hoch steigt, dass die gehobene Säule gleich ist dem Durchmesser des Röhrchens, Babinet hingegen die Länge einer Lichtwelle, deren Grösse für die festen Linien des Spectrum aus den Gitterversuchen von Frauenhofer sehr genau bekannt ist.

3. Maass der Materie. Da alle Körper gleich schnell fallen, aber, wenn sie unterstützt sind, ungleich drücken, so misst man die Materie durch das Gewicht der Körper. Die Gewichtseinheit ist daher einer doppelten Willkühr unterworfen, denn man kann fragen, wie gross soll der Körper sein, dessen Gewicht die Einheit bestimmt, und von welcher Substanz. Natürliche Gewichtseinheiten sind also zunächst an natürliche Raummasse geknüpft, es bleibt aber, da alle Substanzen natürlich sind, ausserdem in ihrer Wahl eine grosse Willkühr. Man hat reines Wasser fast allgemein als Substanz gewählt, entweder im Zustand der grössten Dichtigkeit oder der bei einem andern willkührlichen Wärmegrade.

2. Conventionelle Maasse.

Wenn dem Aufsuchen natürlicher Maasseinheiten das Bestreben zum Grunde liegt, die jetzt gewonnenen Resultate quantitativer Untersuchungen der Nachwelt dauernd zu erhalten, so ist klar, dass wenn ein natürliches Maass genau ermittelt, alle conventionellen Maasse, in so fern ihr Verhältniss zu jenem bekannt ist, als natürliche anzusehen sind, da es gleichgültig ist, der wievielste Theil des Maasses als Einheit angesehen wird. Es kommt daher darauf an, ein natürliches Maass zu ermitteln, und die Verhältnisse der übrigen zu diesem zu bestimmen. Wir wollen nun die verschiedenen Versuche, diesen beiden Aufgaben zu genügen, näher betrachten.

Der Vorschlag, die Pendellänge als Maassbestimmung zum Grunde zu legen, wurde von Huyghens gemacht. *Postquam ad mediocrem dierum longitudinem*, sagt er: *Horol. Oscillat.* 4 *prop.* 25 *Par.* 1673, *horologium, cujus oscillationes singulae secunda scrupula, vel eorum semisses notant, compositum fuerit, aliud pendulum simplex, hoc est: sphaera plumbea aut alia materia gravi constans, ex tenui filo religata, juxta suspendenda est motuque exiguo impellenda, ac tantisper producenda aut contrahenda fili longitudo, donec recursus ejus per quadrantem horae aut semissem una ferantur cum reciprocationibus penduli horologio aptati. Tunc accepta mensura distantiae a puncto suspensionis ad centrum oscillationis penduli simplicis, eaque, si recursus singuli scrupula secunda valeant, in tres partes divisa, faciunt hae singulae longitudinem pedis, quem Horarium vocavimus, quique hoc pacto non solum ubique gentium constitui possit, sed et venturo aevo redintegrari, adeo ut et moduli pedum omnium aliorum semel ad hunc proportionibus suis expressi certo quoque in posterum cognosci possint.*

In demselben Jahr aber erfuhr der Vorschlag

von **Huyghens** schon eine Einschränkung, denn in den vom Mai 1672 bis 1673 von **Richer** in Cayenne angestellten Beobachtungen findet sich die berühmt gewordene Notiz: *l'une des plus considerables observations, que j'ay faites est celle de la longueur du pendule à secondes de temps, laquelle s'est trouvée plus courte en Cayenne qu'à Paris d'une ligne et un quart.* Da man sich also nun für die Pendellänge an einem bestimmten Orte entscheiden musste, so liess **Condamine** die Länge des Pendels unter dem Aequator auf das in Peru errichtete Denkmal mit den Worten: *mensurae naturalis exemplar, utinam et universalis* eingraben.

Bouguer[1]) schlug hingegen als Maasseinheit die Pendellänge unter dem 45sten Grade der Breite vor. **Condamines** Gründe, nach welchen er dem Aequatorialpendel den Vorzug giebt, sind folgende[2]): *l'équateur est le milieu de la terre habitable, le terme d'où l'on commence à compter les latitudes; celui de la moindre pesanteur; le pendule équinoctial est unique, il est deja mesuré. Il n'y a pas lieu de présumer, qu'en le choisissant on ait eu en vûe la convenance d'une nation plutôt que d'une autre. Le pendule de 45 degrés, qu'on pourroit proposer comme moyen entre les pendules extrêmes de l'équateur et des Poles, n'est pas unique, parcequ'il y a un autre Parallèle de 45 degrés au delà de la Ligne: et qui sait si la longueur du pendule y est la même. Il serait toujours soupçonné d'avoir été choisi parceque ce parallèle traverse la France, et cela suffi-*

---

1) *figure de la terre determinée. Paris* 1749.

2) *mesure des trois premiers degrés du méridien dans l'hémisphere australe. Paris* 1751. *p.* 5.

rait vraisemblablement, pour faire rejeter ce Pendule par les autres nations de l'Europe. Enfin la convention du Pendule de 45 degrès, si elle pouvait avoir lieu, ne serait fondée que sur la convenance ou l'accord de quelques nations de l'Europe; au lieu que la préférence donnée au pendule équinoctial convient à tous les lieux et à tous les temps. Un François préférerait sans doute le Pendule du Parallèle de Paris, comme un Anglois celui de Londres. Un Européen en général pourrait opter pour celui de 45 degrés. Le philosophe et le citoyen du monde choisira sans contredit, le pendule équinoctial. Doch fand natürlich der Vorschlag Bouguers in Frankreich grösseren Beifall. Er schien seiner Realisation nahe, als am 8. Mai 1790 die Nationalversammlung auf den Vorschlag von Talleyrand folgendes Dekret erliess: *le roi est supplié d'écrire à S. M. Britannique et de la prier d'engager le parlement d'Angleterre à concourir avec l'assemblée nationale à la fixation de l'unité naturelle des mesures et des poids, afinque sous les auspices des deux nations, des commissaires de l'Académie des Sciences puissent se reunir en nombre égal avec des membres choisis de la Société royal de Londres, dans le lieu qui serait jugé respectivement le plus convenable, pour déterminer à la latitude de 45 degrés ou toute autre latitude, qui pourroit être préférée, la longueur du pendule, et en déduire un modèle invariable pour toutes les mesures et pour les poids.* Die aus Borda, Lagrange, Laplace, Monge und Condorcet bestehende Commission wendete aber gegen die Pendellänge ein, dass sie ein heterogenes Element: die Zeit, und ein willkührliches: die

Theilung des Tages in 86400 Secunden enthalte, sie schlug daher vor, durch eine Gradmessung von Dünkirchen bis Barcelona die Entfernung des Nordpols vom Aequator zu bestimmen; deren zehnmillionsten Theil als Maass anzunehmen, und unter der Breite von 45° die Anzahl der Schwingungen zu bestimmen, welche während eines Tages im leeren Raume am Meeresufer ein Pendel von dieser Länge bei der Temperatur des schmelzenden Eises machen würde, um jene natürliche Maasseinheit für die Folge zu erhalten. Die von Delambre und Mechain in dieser Absicht unternommene Gradmessung zog sich aber so in die Länge, dass der Wohlfahrtsausschuss am 3. Nivose an 2 befahl: *de donner le plutôt possible l'usage des nouvelles mesures à tous les citoyens, en profitant de l'impulsion révolutionnaire.* Das Gesetz vom 18. Germinal an 3 bestimmte definitiv die Namen des neuen Maasses, des *mètre provisoire et légal*, gegründet auf die ältere Messung eines Grades in Frankreich, dessen Länge Lacaille 1758 gleich 57027 Toisen gefunden hatte, woraus der Abstand des Poles vom Aequator 5132430 Toisen sich ergab, also 443'''.44 als Länge des Meter (*étalon de cuivre* bei 10° C. gemessen auf der *toise de fer de l'Académie* bei 13° R.)[1]) Nach Beendigung der neuen Messung wurde endlich die wahre Länge des Meters durch die aus van Swinden, Tralles, Laplace, Legen-

---

1) Auf diese Bestimmung gründen sich die Reductionstafeln in der *Instruction abrégée sur les mesures déduites de la grandeur de la Terre uniformes pour toute la République. Paris. An II de la Republique une et indivisible.*

dre, **Ciscar**, **Mechain** und **Delambre** bestehende Commission in dem *rapport du 6. floréal an 7* auf 443.295936 festgesetzt, wo unter der Voraussetzung einer Abplattung von $\frac{1}{334}$ die Entfernung des Pols vom Aequator 5130740 Toisen berechnet war, und als *mètre vrai et definitif* = 443'''.296 gesetzlich angenommen.

Cette unité nommée mètre, qui est la dixmillionème partie du quart du meridien revient selon les anciennes mesures à 3 pieds 11,296 lignes, en employant la toise du Pérou à 13 degrés du thermomètre à mercure divisé en 80 parties[1]).

Mit dieser gesetzlichen Bestimmung des *mètre vrai et définitif* fällt die ursprüngliche Definition des Meter als zehnmilliontester Theil des Erdquadranten weg, in so fern damit eine Berichtigung seiner Länge durch spätere genauere Messungen der Erde ausgeschlossen wird. Um die Veränderungen beurtheilen zu können, welche der Werth des *mètre vrai et définitif* erfahren würde, wenn er nach unseren jetzigen Kenntnissen der Grösse der Erde seiner ursprünglichen Bestimmung, der zehnmillionteste Theil des Erdquadranten zu sein, entsprechen sollte, mögen hier folgende von **Schmidt**[2]) aus der Peruanischen, ersten und zweiten Ostindischen, Französischen, Englischen, Hannöverschen, Liefländischen und Schwedischen

1) Die Länge des Secundenpendels fand **Borda** *expériences pour connoître la longueur du pendule qui bat les secondes à Paris* = 440'''. 5593 = 0,m 993977

2) **Schumacher** astronomische Nachrichten 9. 371.

Messung abgeleitete Bestimmungen eine Stelle finden. Es ist nämlich

Länge d. mittleren Erdgrades = 57008.715 Toisen
grosse Achse = 3271773.00 -
kleine Achse = 3260940.03 -
Abplattung = $\frac{1}{302.020}$ -

Ein daraus abgeleitetes Meter würde also
= 443‴.29977

Es ist aber das *mètre vrai et definitif*
= 443‴.296

Unterschied = + 0‴.00377

wobei zu bemerken, dass bei der Schmidt'schen Berechnung sich ergab als mittlerer Fehler
einer Polhöhe = 3″.067
des Erdgrades = 3.9 Toisen
der Abplattung = 6,4 Einheiten.

Von dem *mètre vrai et definitif* kann man daher nur sagen, dass es ein gesetzlich bestimmter Theil der *Toise du Pérou* ist, welcher näherungsweise dem zehnmilliontesten Theil des Erdquadranten gleich ist. Die Grundlage des neueren französischen Maasses ist daher die Toise geblieben, nur hat das neue conventionelle Maass eine bequemere Theilung als das frühere. Passender wohl wäre es gewesen, diese bequemere Decimaltheilung unmittelbar auf die Toise, oder auf einen bereits vorhandenen Theil derselben anzuwenden, als einen zu schaffen, welcher von allen bisher üblichen Maasseinheiten so bedeutend abweicht.

Es ist bekannt, dass der Zweck der ganzen metrischen Unternehmung, andre Völker zu der Annahme dieses Maasses, als eines natürlichen, zu bewegen, verfehlt worden ist, ja sogar das Uebel vergrössert, indem zu den bisher üblichen Längeneinheiten eine neue, nämlich das Meter hinzugekommen ist. Der abstracte Vortheil, dass das Maass $\frac{1}{10000000}$ nicht $\frac{1}{5130740}$ des Erdquadranten ist, reducirt sich fast auf die Aeusserung in der bei Ueberreichung der Maafsstäbe am 4. Messidor an 7 gehaltenen Rede: *il y a quelque plaisir pour un père de famille à pouvoir se dire: le champ, qui fait subsister mes enfants, est une telle portion du globe. Je suis dans cette proportion co-propriétaire du Monde*, ein Vergnügen, welches dem, der es für wesentlich hält, durch ein kleines Divisionsexempel nicht zu theuer erkauft scheinen wird, wenn er seinen Besitz durch irgend ein andres Maass als das Meter ausgedrückt erhält. *It is of little consequence*, sagt Thomas Young sehr richtig, *from what the original unit has been derived, unless we can with easy and accuracy recur to its origin and wheter a standard has been first adjusted according to the circumference of the globe or to the foot of an individual hero, the facility of comparing other measures with it is the same. It is confessed that the pendulum affords the readiest method of recovering the standard when lost, and if it was necessary to determine a unit absolutely new, it would perhaps have been more eligible to fix on one which was independent of any ulterior comparison, than to seek for an ideal perfection in attempting to copy from a more magnificent original, to say nothing of the uncertainty with regard to the ellipticity of the earth, and the probable irregularity of its form in various respects.*

Ist die theoretische Bedeutung der Maasseinheit daher höchst gleichgültig, so ist doch auf der andern Seite wünschenswerth, dass jene Einheit auch allgemein gelte. Sagt doch schon **Budeus** *de re nummaria l.* 1 *c.* 3

Una fides, pondus, mensura, moneta sit una
Et status illaesus totius orbis erit.

Wenn man bedenkt, dass den Völkern in der Ausbildung der Kunst, in der Förderung der Wissenschaft, in der Entwickelung ihres politischen Lebens so viele anständige Weisen sich von einander zu unterscheiden gegeben sind, so begreift man nicht, welches Interesse sie haben können, mit verschiedenen Füssen ihre Längen zu messen. Da aber die Macht des Herkommens nur durch Gewalt zu besiegen ist, welche der Wissenschaft nicht gegeben, da in dieser die Zersplitterung der Maasse nicht so gross als in dem äusseren Verkehr der Völker, so bleibt uns die Aufgabe, die Beziehungen der einzelnen Maasse, welche in wissenschaftlichen Untersuchungen gebraucht werden, genau festzustellen, um ausser fremden Worten auch fremde Zahlen in unsere Vorstellungsweise übersetzen zu können.

In **Deutschland** bedient man sich in physikalischen Untersuchungen jetzt fast allgemein mit Ausnahme von Oestreich, wo man mitunter den Wiener Fuss und seine Unterabtheilungen bei Theilungen benutzt, des **altfranzösischen Fusses**, des sechsten Theils der *Toise du Pérou*, sonst des unter dem Namen des **preussischen** in Preussen gesetzlich eingeführten **rheinländischen**.

In **England** und **Nordamerika** des englischen Fusses, des dritten Theils des Yard.

In **Frankreich** des **Meter**.

Die Vergleichung verschiedener Maasse geschieht durch Maafsstäbe, deren sorgfältige Aufbewahrung unter der Voraussetzung nicht alles umgestaltender Veränderungen genügen wird, jene der Nachwelt zu erhalten. Da aber jede Substanz den Temperaturveränderungen unterworfen ist, so kann eine auf einen Etalon abgetragene Länge nur bei einer bestimmten Temperatur die wahre Länge des Maasses sein. Zur Reduction der mit irgend einem Maafsstab bei andern Temperaturen erhaltenen Bestimmungen auf Theile des wahren Maasses muss daher die Ausdehnung der Substanz, aus welcher der Mafsstab verfertigt ist, bekannt sein, ausserdem der Wärmegrad, bei welchem der Normaletalon seine rechte Länge hat. Diese letztere wird bei den *étalons à bouts* durch die Mitte der begrenzenden Endflächen, bei den *étalons à traits* durch Punkte oder Parallellinien auf der Oberfläche angegeben.

Früher wendete man als Etalons getheilte Scalen an, und bestimmte die aufzubewahrende Länge als ein vielfaches dieser Theile, ohne die Theilstriche festzusetzen, zwischen welchen sie genommen werden sollte. Davon ist man natürlich zurückgekommen, weil bei nicht völliger Gleichheit des Abstandes der einzelnen Theilstriche nur das Mittel aus den verschiedenen durch den Maafsstab erhaltenen Bestimmungen als wahre Länge gelten kann. Ueberhaupt scheinen *étalons à bouts* Vorzüge vor *étalons à traits* zu haben. Wenigstens schliessen sich in der Regel Copien der ersten Art näher an die Originale an als die der zweiten Gattung. Hassler bemerkt, dass *étalons à bouts* bei der Verfertigung nach einem Original eher zu kurz werden, *étalons à traits* hingegen eher zu lang. Da die Vergleichung nur mit Sicherheit geschehen kann, wenn beide Maaſsstäbe dieselbe Temperatur haben, so muss die Reduction auf die Normaltemperatur derselben, wenn diese verschieden ist, oder beide aus verschiedenen Substanzen gefertigt sind, durch Rechnung geschehen, wobei es am sichersten sein wird, durch Vergleichungen bei verschiedenen Temperaturen oder durch directe Versuche den Ausdehnungscoefficienten an den Substanzen selbst zu ermitteln. Ausserdem ist zu berücksichtigen, dass wenn der Etalon als gradliniger Stab seine gesetzliche Länge hat, jede Krümmung desselben eine Abweichung von ihr hervorrufen wird. Eine solche Krümmung entsteht aber, wenn der Stab auf eine nicht vollkommen ebene Unterlage gelegt wird. Da diese bei verschiedenen Versuchen in gleichem Grade vollkommen zu erhalten, unwahrscheinlich ist, so wird auch die dadurch bewirkte Veränderung verschieden ausfallen, wenn auch, was wir hier Krümmung genannt haben, vielleicht nur als ein Zusammenpressen oder Ausdehnen der Oberfläche des Maaſsstabes sich äussert. Um bei verschiedenen Vergleichungen den Stab seiner ganzen Länge nach in demselben Zustand der Spannung zu erhalten, schlägt daher Stampfer vor, ihn an zwei markirten Stellen auf Kanten oder abgerundete Unterlagen aufzulegen, während Kater die Krümmung des Stabes selbst auf folgende

Weise unschädlich zu machen sucht. Da aus seinen Versuchen sich ergab, dass es in der Dicke des Stabes eine neutrale Fläche giebt, welche weder Zusammenziehung noch Ausdehnung bei der Krümmung erleidet, und dass diese Fläche ohngefähr $\frac{1}{3}$ der Dicke von der convexen Oberfläche entfernt ist, so räth er, wenn man den Maafsstab immer auf convexe Flächen legt, an seinen Enden $\frac{1}{3}$ der Dicke abzunehmen und auf die so reducirte Dicke die festen Punkte aufzutragen, wenn er aber sowohl auf convexe als concave gelegt wird, ihn bis zur Hälfte abzunehmen, da der daraus entstehende Irrthum unerheblich ist. Für getheilte Skalen schlägt er hingegen vor, die Theilung auf einen dünnen Streifen aufzutragen und diesen auf einer stärkeren Stange zu befestigen.

Endlich hat man noch eine Frage aufgeworfen, welche durch Versuche noch nicht ermittelt ist, ob nämlich die durch fortwährende Temperaturwechsel entstehenden Bewegungen des Stabes selbst nicht etwa in der Länge der Zeit eine Aenderung in der Länge desselben hervorbringen. Welche Vorstellung man sich auch von der Wärme bilden mag, ihre Wirkung wird immer einem senkrecht auf die Oberfläche wirkenden Drucke sich vergleichen lassen, der bei Verminderung derselben von Aussen nach Innen, bei ihrer Zunahme von Innen nach Aussen thätig ist. Wir wissen aber, dass eine elastische Feder lange Zeit einer formändernden Kraft unterworfen endlich ihre Gestalt, auch nachdem der Druck aufgehört hat, dauernd ändert und es ist daher nicht unmöglich, dass es auch für thermische Volumensänderungen eine gewisse Grenze gebe, von welcher aus sie nicht zu ihrer ursprünglichen Gestalt zurückkehren. Deswegen glaubt Stampfer, dass es nicht rathsam sei, einen bereits legalisirten Etalon zur Bestimmung seiner thermischen Ausdehnung in heisses Wasser zu senken.

1. Die *Toise du Pérou* im Jahr 1735 unter der Leitung von Godin von Langlois verfertigt und von genau gleicher Länge mit der von demselben Künstler unter der Leitung von Condamine verfertigten *Toise du nord* ist ein *étalon à bouts* von Eisen[1]) 17 bis 18 Linien breit, 4 dick und hat ihre rechte Länge bei 13° R.

2. Der preussische Fuss ist auf einem von Pistor verfertigten *étalon à traits* von Eisen von 3 Fuss Länge eingetragen in Zolle getheilt, der letzte auf eingelegten Silberstreifen in Linien. Er hat seine rechte Länge wie die *Toise du Pérou* bei 13° R.

3. Die wahre Länge der Wiener Klafter ist wie die der *Toise du Pérou* und die des preussischen Fusses bei 13° R. Der nach dem Dekret der k. k. Landesregierung vom 20sten April 1816 als Normalmaass anerkannte Etalon ist ein auf der oberen Fläche eines eisernen Prisma eingelassener und mit demselben fest vernieteter Silberstreifen von $1\frac{1}{2}$ Linie Breite und $\frac{1}{4}$ Linie Dicke, auf welchem von Voigtländer die Wiener Klafter auf-

1) *Sa longueur d'un côté est de 2 pouces à peu près de plus de 6 pieds, elle est coupée à chaque bout sur une largeur de 8 à 9 lignes et c'est la distance entre les vives arêtes de ces entailles, qui a été prise pour la longueur de la toise. Base 3. 405.*

getragen und von Linie zu Linie durch Punkte getheilt ist. Der aufgetragenen Punkte, welche $1\frac{1}{2}$ Zoll über den Anfang und 5 Zoll über das Ende fortgesetzt wurden, sind 943, die ganze Länge also $78\frac{1}{2}$ Wiener Zoll. Die Endpunkte der Wiener Klafter sind auch noch neben dem Silberstreifen auf dem Eisen eingetragen. Auf dem Silberstreifen ist ausserdem die Toise von Zoll zu Zoll getheilt, der letzte Zoll in Linien aufgetragen. Zum Grundmaasse diente dabei die von La Caille und Condamine 1760 an die Wiener Sternwarte überschickte Toise, auf welcher Lisganig die Wiener Klafter ebenfalls abgetragen hatte.

4. Der englische Yard ist 1760 von Bird auf einer 1.07 Zoll starken quadratischen Stange von Messing durch die Entfernung zweier auf 2 eingelassenen goldenen Stiften befindlichen Punkte angegeben und hat seine rechte Länge bei 62° Fahrenheit. Dass unter den vielen in England früher gebrauchten Etalons dieser allein Gesetzeskraft erlangt hat, geht aus der Parlamentsacte hervor, in welcher es heisst: *From and after the* 1. *May* 1825 *the straight line or distance between the centres of the two points in the gold studs in the straight brass rod, now in the custody of the Clerk of de House of Commons, whereon the Words and figures „Standard Yard* 1760" *are engraved, shall be the original and genuine standard of that measure of length or linear extension called a yard, and the same straight line or distance, between the centres of the said two points in the said gold studs in the said brass rod, the brass being at the temperature of* 62° *by Fah-*

renheits thermometer, shall be and is hereby denominated the „Imperial Standard Yard", and shall be and is hereby declared to be the unit or only standard measure of extension, and that $\frac{1}{3}$ part of the said standard yard shall be a foot, and the 12th. part of such foot shall be an inch, and that the mile shall contain 1760 such yards, the pole or perch $5\frac{1}{2}$, the furlong 22.

5. Das Meter ist ein *étalon à bouts* von Platina von Lenoir verfertigt und hat seine rechte Länge bei 0° C.

6. Dem schwedischen Maasse liegt folgende Bestimmung zum Grunde: der schwedische Fuss ist nach den Messungen von Svanberg und Cronstrand 0.3757364 der Länge des Secundenpendels der Stockholmer Sternwarte, deren Breite 59° 20′ 34″, oder die Länge dieses Secundenpendels = 33.505574 schwedische Dezimalzolle (das Meter also 33.681256 schwedische Dezimalzolle).

Knüpfen wir an die Linearmaasse unmittelbar die Hohlmaasse an, so erhalten wir folgende Bestimmungen der jetzt gebräuchlichen Einheiten derselben:

1. Das Liter ist ein Cubus, dessen Seite ein Decimeter. Ausser in Frankreich wird diese Einheit häufig bei der Volumens-Bestimmung von Flüssigkeiten gebraucht, da aus dem Gewichte derselben in Grammen sich leicht das Volumen finden lässt, wenn ihre Dichtigkeit bekannt ist.

2. Das preussische Quart enthält 64 preussische Kubikzoll.

3. Die Einheit des englischen Hohlmaasses ist der *Imperial Standard Gallon*, er enthält 10

Pfund *Avoirdupois* destillirtes Wasser in der Luft bei 62° F. und 30″ Barom. Wegen der mannigfachen kleinen Abänderungen, welche die Bestimmung dieser Einheit bei den verschiedenen Berichtigungen erfahren, führe ich auch hier die Parlamentsacte an:

The standard measure of capacity, as well for liquids as for dry goods not measured by heaped measure, shall be the Gallon containing 10 ℔. *Avoirdupois weight of distilled water weighed in air at the temperature of* 62° *of Fahrenheits thermometer, the barometer being at* 30 *inches, and a measure shall be fortwith made of brass, of such contents as afore said, and such brass measure shall be and is hereby declared to be the Imperial Standard Gallon, and shall be and is hereby declared to be the unit or only standard measure of capacity, from which all other measures of capacity to be used as well for wine, beer, ale, spirits and all sorts of liquids, as for dry goods not measured by heaped measure, shall be derived, computed and ascertained; and all measures shall be taken in parts or multiples or certain proportions of the said Imperial Standard Gallon, and the quart shall be* $\frac{1}{4}$ *part of such standard gallon, and the pint shall be* $\frac{1}{8}$ *of such standard gallon, and* 2 *such gallons shall be a peck, and* 8 *such gallons shall be a bushel, and* 8 *such bushels a quarter of corn or other dry measures, not measured by heaped measure.* In dem älteren englischen Maafssysteme war die Grösse des *Winchester Bushel* 2150,42 Cubikzoll, der *Wine Gallon* 231.

Die Construction der Hohlmasse nach ihrer

geometrischen Definition ist mit solchen Schwierigkeiten verbunden, dass man sie immer sicherer durch das Gewicht einer sie füllenden Flüssigkeit erhalten wird. Wenigstens wird die Prüfung der Richtigkeit eines Normalmaasses oder einer Copie desselben auf diese Weise am einfachsten erhalten werden. Um diesen Versuch genau anzustellen, wurden die preussischen von Schaffrinski gefertigten cylindrisch abgedrehten, messingenen Normalquarte oben abgeschliffen um durch eine mattgeschliffene runde Glasplatte genau luft- und wasserdicht verschlossen zu werden und als richtig anerkannt, wenn sie bei 13° R. und 334‴ Bar. 78.1748 pr. Loth Wasser enthielten. Die von Fortin gefertigten Liter ebenso verschliessbar müssen im leeren Raume 1 Kilogramm des dichtesten Wassers enthalten. Dass bei der Bestimmung eines Normalhohlmaasses durch Gewicht und der Vergleichung verschiedener die Substanz, aus der sie gefertigt, nicht gleichgültig ist, leuchtet ein, da hier es sich nicht um die absolute Ausdehnung des Wassers durch Wärme handelt, sondern um die relative in einem bestimmten Gefäss. Wie gross die dabei sich ergebenden Unterschiede sind, zeigen folgende von van der Toorn berechnete Verhältnisse. Bei 62° F. enthält ein Maass statt 1000 Grammen, welche es bei dem Wärmegrade der grössten Dichtigkeit des Wassers enthält,

wenn es von	Glas	999.18	Grammen Wasser
- - -	Kupfer	999.49	- -
- - -	Messing	999.56	- -
- - -	Pewter	999.72	- -

Wegen der in Beziehung auf Temperatur nothwendigen Correctionen ist es daher immer anzurathen, die Einheiten der Längen- und Hohlmaasse aus demselben Metall zu verfertigen.

1. Bei Gewichtsbestimmungen bediente man sich sonst in Frankreich des *Poids de marc*, deren 50 das Normalmaass: *la pile de Charlemagne*, enthielt. Nach genauen Abwägungen eines von Fortin verfertigten 0.0112900054 Cubikmeter bei 17°.6 C. enthaltenden Cylinders in destillirtem Wasser fand Lefévre-Gineau, dass ein französischer Cubikfuss destillirten Wassers bei seiner grössten Dichtigkeit 70 Pfund 141 Grains und bei der Temperatur des schmelzenden Eises 70 Pfd. 130 Grains *poids de marc* wiege.

2. Dem Grammengewicht, welches nicht nur in Frankreich, wo es gesetzlich eingeführt ist, sondern überhaupt bei wissenschaftlichen Untersuchungen, besonders bei chemischen Analysen, fast allgemein, England ausgenommen, gebraucht wird, liegt die Bestimmung zum Grunde, dass ein Cubus des dichtesten Wassers, dessen Seite ein Decimeter, im leeren Raume gewogen ein Kilogramme = 1000 Grammen sein soll. Das Normalgewicht von Platina ist von Fortin.

3. Das preussische Pfund ist der 66te Theil von dem Gewicht eines preussischen Kubikfusses destillirten Wassers im luftleeren Raume bei einer Temperatur von 15 Grad des Reaumurschen Quecksilberthermometers. Das von Schaffrinski verfertigte Normalpfund ist von Messing.

4. Das englische Gewicht hat folgende Be-

stimmung: der **Kubikzoll destillirten Wassers** wiegt in der Luft mit Messinggewichten gewogen bei einer Temperatur von 62° F. und 30″ Bar. 252. 458 Grain, deren 5760 ein Pfund *Troy*[1]), 7000 ein Pfund *Avoirdupois* geben. Das Normalpfund ist das im Jahr 1758 im Hause der Gemeinen niedergelegte: *Imperial Standard Troy Pound.* In der Parlamentsacte heisst es darüber: *from and after the 1 day of May* 1825 *the standard brass weight of one pound Troy weight, made in the year* 1758, *now in the Custody of the Clerk of the House of Commons, shall be and the same is hereby declared to be the original and genuine standard measure of weight, and that such brass weight shall be and is hereby denominated „the Imperial Standard Troy Pound", and shall be and is hereby declared*

---

1) Ueber die Ableitung des Namens sagt Davis Gilbert: *The Troy weight appeared to us to be the ancient weight of this kingdom, having existed in the same state from the time of St. Edward the Confessor, and there are reasons moreover to believe that the word Troy has no reference to any town in France, but rather to the monkish name given to London of Troy Novant founded on the legend of Brute. Troy weight is therefore in fact London weight. Avoirdupois is probably derived from Avoirs (Averia) the ancient name for goods or chattels and Poids: weight.* Bischof Cumberland giebt hingegen (*Essay* II. 103) folgende Ableitung: *the English Avoirdupois Ounce is the same as the Roman Ounce, and was probably introduced, when they gave laws and planted colonies here, and hath thence continued unchanged to this day. The Troy Ounce, I suppose, was introduced by the Normans, because it takes its name from a French Town „Troyes" in Champaigne.*

to be the unit or only measure of weight, from which all other weight shall be derived, computed and ascertained; and that one twelfth part of the said Troy Pound shall be an Ounce, and that one twentieth part of such an ounce shall be a Penny weight and that $\frac{1}{24}$ part of such penny weight shall be a grain; so that 5760 such grains shall be a Troy Pound, and that 7000 su h grains shall be and they are hereby declared to be a Pound Avoirdupois, and that one sixteenth part of the said Pound Avoirdupois shall be an Ounce Avoirdupois, and one sinteenth part of such Ounce shall be a Dram.

Diesen Normaletalons füge ich die Bestimmung einiger sicher bestimmten Gewichtseinheiten bei:

5. Nach den Abwägungen von Stampfer[1]) ist das Wiener Pfund Handelsgewicht 560.0164 Grammen, das Wiener Loth = 17.50051 Grammen, und das absolute Gewicht eines Wiener Kubikzolles Wasser bei seiner grössten Dichtigkeit 18.27092 Grammen. Hiernach wiegt ein Wiener Kubikfuss Wasser bei seiner grössten Dichtigkeit 56.377188 Wiener Pfd. = 56 Pfd. 12 Loth 16.8 Gran.

6. Dem schwedischen Pfund liegt folgende Bestimmung zum Grunde: 1 Kanne oder 100 Kubikzoll destillirtes Wasser bei 16°.66 C. wiegen 6.151951 schwedische Pfund, also 1 schwedisches Pfund = 425.1225 Grammen, 1 Loth = 13.285078 Grammen. Das schwedische und englische Gewicht sind also durch Volumina von Wasser gleicher Temperatur ausgedrückt.

---

1) Jahrbücher des k. k. polytechnischen Instituts in Wien. B. 16. p. 57. 1830.

7. Die Einheit des **spanischen** Gewichtes ist die Castilische Mark, *marco castilliano*, das Normalmaass in der Münze von Madrid, nach einer von **Everett** beglaubigten Copie nach der Bestimmung von **Hassler** = 230.3068 Grammen = 3554.3723 Troy Grains. Die Mexicanische Mark fand sich nach einer von **Poinsett** beglaubigten Copie des Normalgewichtes in der Münze von Mexico bei dieser Prüfung = 230.0466 Gramm. (= 3550.4439 Troy Grains).

8. Das bei der Regulirung des metrischen Systems von **van Swinden** nach Paris gebrachte **holländische** Troy Pfund wog 9266.1168 französische Grains (= 7595.706 engl. Troy Grains) nach einer von **Tralles** an **Hassler** mitgetheilten Notiz. Dieses sorgfältig aufbewahrte Normalpfund mit dem Original - Kilogramm von **van Swinden** verglichen fand sich bei mehrfacher Vergleichung von **van Moll** im Jahre 1831 = 492.14908 Grammen, ein Unterschied, welchen **van Moll** nur durch die Annahme erklären zu können glaubt, dass das Kilogramm von **van Swinden** mit dem in Paris nicht übereinstimmte.

9. Ein **russisches** eisernes Normalpfund, dem Präsident **Adams** gehörig, fand **Hassler** = 408.9512 Grammen (= 6311.41 Troy Grains).

Verhältnisse der einzelnen Maasse zu einander.

Maasse können auf eine doppelte Art mit einander verglichen werden, entweder dadurch, dass man eins durch das andre misst, oder einen dritten Körper durch beide. Als ein solcher dritter Körper kann ein Maass betrachtet werden, zu welchem die zu vergleichenden in einem bekannten Verhältnisse stehen.

Die mannigfachen wenn auch geringen Aenderungen, welche conventionelle Maasse bei zu verschiedenen Zeiten angestellten Revisionen erfahren haben, und die ungleiche Schärfe der bei den Vergleichungen angewendeten Beobachtungsmittel haben die Unsicherheit hervorgerufen, welche man in dieser Beziehung in den besten Lehrbüchern, daher auch in den unter verschiedenen Namen erscheinenden Abschriften derselben findet, eine Unsicherheit, welche nur durch eine genaue Prüfung der Art, wie die Bestimmungen gewonnen wurden, vermieden werden kann.

Aber auch bei der genauesten Prüfung findet man in den Arbeiten der Naturforscher, welche diese Verhältnisse genau zu ermitteln sich bemüht haben, Angaben, welche sich schwer unter einander vereinigen lassen. Ausser den früher schon erwähnten der höchsten Genauigkeit hinderlichen Umständen ist der vorzugsweise zu berücksichtigen, dass bei Vergleichung zweier aus verschiedenen Metallen gefertigter Etalons das Ergebniss der directen Beobachtung für die Temperatur corrigirt werden muss, wenn nämlich jeder der Etalons bei einem verschiedenen Wärmegrade seine gesetzliche Länge hat. Geschicht diese Correction vermittelst der an den Etalons selbst ermittelten Ausdehnungscoefficienten beider Substanzen, so wird die Bestimmung die sicherste sein, welche überhaupt durch directe Vergleichung erlangt werden kann. Wird hingegen aus anerkannt guten Beobachtungen eines andern Beobachters ein Ausdehnungscoefficient bei der Reduction benutzt, so beruht die Anwendbarkeit desselben auf der Voraussetzung der vollkommnen Identität der Substanz, aus welcher der Etalon gefertigt ist und der, an welcher die Versuche über die Ausdehnung angestellt wurden. Dass diese Voraussetzung bei verschiedenen Messingstangen nicht erlaubt sei, geht aus den bisherigen Versuchen deutlich hervor. Es scheint daher nothwendig, die Vergleichung zweier Etalons mehrfach bei möglichst verschiedenen Temperaturen vorzunehmen, um sich von der Anwendbarkeit eines bestimmten Ausdehnungscoefficienten zu überzeugen.

Bei den Verhältnissen der Gewichte ist diese Unsicherheit noch viel bedeutender als bei den Längenmaassen. Was nämlich die Aufbewahrung der Etalons betrifft, so ist es weit leichter, die Distanz zweier Punkte oder Linien unverändert zu erhalten, als die Dimensionen eines Körpers, dessen Oberfläche bei dem Gebrauche von allen Seiten der Wirkung der Atmosphäre und der Berührung ausgesetzt ist. In Beziehung auf die Vergleichung derselben nach den ihnen zum Grunde liegenden Bestimmungen aber leuchtet ein, dass, da diese auf der Ermittelung des Gewichtes bestimmter Volumina Wasser bei einem gegebenen Wärmegrade beruht, die Dichtigkeitsänderungen des Wassers, insofern sie von der Temperatur abhängen, genau ermittelt sein müssen. So zahlreich und mit so grosser Sorgfalt aber auch diese Versuche angestellt worden sind, so sind doch die Unterschiede zwischen den Beobachtungsreihen verschiedener Experimentatoren erheblich genug, um merkliche

Unterschiede hervorzubringen, wenn man, wie diess mehrfach geschehen, bei der Reduction verschiedene Versuche über die Ausdehnung des Wassers zum Grunde legt. Wenn auf diese Weise der Vorzug der directen Vergleichung durch Etalons zu gebühren scheint, so muss doch bemerkt werden, dass die Copie des Normaletalons als identisch mit demselben angesehen werden muss. Es hat sich aber leider mehrfach ergeben, dass zwischen solchen als identisch anerkannten Copien sehr merkliche Unterschiede sich fanden.

a) Vergleichung des altfranzösischen und metrischen Maasses.

1 Mètre	=	0.513074 Toise
1 □Mètre	=	0.263244929476 □Toise
1 Kub. Mètre	=	0.135064128946 Kub. Toise
1 Toise	=	1.9490365912 Mètre
1 □Toise	=	3.7987436338 □Mètre
1 Kub. Toise	=	7.4038903430 Kub. Mètre
1 Mètre	=	3.078444 fr. Fuss
1 □Mètre	=	9.476817461136 fr. □Fuss
1 Kub. Mètre	=	29.173851852336 Kub. F.
1 fr. Fuss	=	0.3248394319 Mètre
1 □Fuss	=	0.1055207316 □Mètre
1 Kub. Fuss	=	0.0342772701 Kub. Mètre
1 Decim.	=	3.6941328 fr. Zoll
1 □Decim.	=	13.64660 fr. □Zoll
1 Kub. Decim.	=	50.41239 Kub. Zoll
1 fr. Zoll	=	2.70699526 Centim
1 □Zoll	=	7.327723 □Centim
1 Kub. Zoll	=	19.836382 Kub. Centim
1 Millim.	=	0.4432959 fr. Linien
1 Linie	=	2.2558294 Millim.

b) Vergleichung des altfranzösischen und englischen Maasses.

Die erste genauere Vergleichung der englischen und französischen Maasse geschah im Jahre 1742 veranlasst durch den Wunsch einiger Mitglieder der Londoner Societät und der Pariser Akademie[1]). Auf zwei wohlpolirte Messingstäbe von 42 Zoll Länge mit sechszölligen Skalen von Sisson (eigentlich von Bird, der bei Sisson arbeitete) in 500 gleiche Theile getheilt trug Graham die Länge von 3 englischen Fuss des im Tower befindlichen Yard. Beide wurden nach Frankreich nebst einer der Skalen geschickt und auf einen derselben, welcher nach England zurückgesendet wurde, hatte du Fay und Nollet die halbe Pariser Toise abgetragen. Ebenso liess Graham von Samuel Read 2 ganze Troy Pfunde und 2 Sätze bis $\frac{1}{4}$ Grain herab machen, von denen eins aus Frankreich mit 2 französischen Marc zurückgesendet wurde. Die Vergleichung derselben ergab

1. die halbe Pariser Toise enthält 38''.355 des Mafsstab der *Royal Society.*

2. 16 Unzen französisches Gewicht oder 2 Marc wiegen 7560 *Troy Grains.*

3. Das *Avoirdupois* Pfund wiegt 7004 Troy Grains.

Da aber bei einer spätern Vergleichung des angewendeten Maasses[2]) mit den in der Schatz-

---

1) *An account of the proportions of the english and french measures and weights from the standards of the same kept at the Royal Society. Ph. Tr.* 1742. 185.

2) *An account of a comparison lately made by some Gentlemen of the R. S. of the Standard of a Yard, and the se-*

kammer, *Guildhall etc.* niedergelegten Normaletalons sich merkliche Differenzen unter diesen zeigten, so liess das im Jahr 1758 und 1759 gebildete *Committee to inquire into the original Standards of Weights and Measures in the Kingdom, and to consider the Laws relating thereto* auf den Vorschlag von Harris zwei gleiche Messingstäbe von Bird verfertigen, auf welchen die Länge des Etalon der *Royal-Society* auf eingelassenen goldnen Stiften durch feine Punkte bemerkt wurde, von denen der eine ungetheilte mit der Inschrift: „Standard 1758“ als Normaletalon sorgfältig aufbewahrt, der andre in der Schatzkammer zur Vergleichung niedergelegt werden sollte, und deswegen in 36 Zoll getheilt wurde. Zu gleicher Zeit wurden zwei Exemplare des durch genaue Prüfungen von Harris ermittelten *Troy* Pfundes dem Hause der Gemeinen und der Münze übergeben, und durch Bingley mittelst derselben das in der Münze befindliche *Avoirdupois Standard Pound* = 7000 *Grains Troy* bestimmt. Diese Bestimmungen geschahen vermittelst eines von Bird angefertigten Wägungsapparates, welcher zur Ermittelung des ganzen Troy Pfundes und seiner Unterabtheilungen aus 5 Wagen bestand, durch welche das Troy Pfund auf $\frac{1}{230400}$, der Grain auf $\frac{1}{2000}$ sicher angegeben wurde. Dies im Hause der Gemeinen niedergelegte *Troy* Pfund ist bei der neuern Gewichtsbestimmung

---

veral weights lately made for their use, with the Original Standards of Measures and Weights in the Exchequer, and some others kept for public use, at Guildhall, Foundershall, the Tower, the Watchmakers Company. Ph. Tr. 1743. 543.

welche seit dem 1. Januar 1826 Gesetzeskraft erlangt hat (der Termin der Einführung wurde vom 1. Mai 1825 so weit verlängert), als *the original and genuine standard measure of wheight* unter dem Namen *Imperial Standard Troy Pound* anerkannt worden, hingegen für das Längenmaass statt *Bird's Parliamentary Standard* 1758 eine von Bird in 36 Zoll getheilte, vom Jahr 1760 mit jener übereinstimmende Skale als Normaletalon angenommen [1]). Das Verhältniss des französischen Maasses zum englischen bestimmte aber Bird durch 2 von Lalande an Maskelyne im Jahr 1765 geschickte Toisen [2])

nach dem einen Etalon: Toise	= 76″.732	engl.
- - andern - -	= 76″.736	-
Mittel	= 76″.734	-

Die ersten zweckmässigen Versuche, das englische Maass in ein natürliches zu verwandeln, wurden im Jahre 1787 von Whitehurst [3]) gemacht, welcher den Längenunterschied zweier Pendel, von denen das eine 42, das andere 84 Schwingungen in der Minute machte, 59.892 Zoll bestimmte, eine Grösse, welche Shuckburgh [4])

---

1) Shuckburgh sagt von diesen beiden Etalons Ph. Tr. 1798. 170. *I found the other standard, marked „Standard 1760" to agree exactly with that of* 1758; *at least it did not differ from it more than* 0,0002 *inch, these quantities being so small, i shall consider them as wholly insensible.*

2) *Philos. Transact.* 1765. *p.* 327.

3) *Attempt to obtain measures of length from the mensuration of time, or the true length of pendulums.*

4) *An account of some Endeavours to ascertain a Standard of weight and measure. Ph. Tr.* 1798. 133.

nach **Whitehurst's** Tode an dessen Apparat in der Breite von London 113 Fuss über dem Meeresspiegel bei 30″ Barometer und der Temperatur von 60° Fah. durch den von **Troughton** erfundenen dioptrischen Comparateur auf dessen nach *Bird's parliamentary Standard* getheilter Skale, mit einer Unsicherheit von 0.0003, = 59″.89358 nachmaass [1]). Derselbe fand, dass die durch den Buch-

1) Nach **Kater** (*an account of experiments for determining the length of the Pendulum vibrating seconds in the latitude of London. Ph. Tr.* 1818. 33.) ist die Länge des Secundenpendels im leeren Raume am Meeresspiegel gemessen bei der Temperatur von 62° F. unter der Breite von
51° 31′ 8″.4 N. = 39″. 13860 *Shuckburgh's Standard.*
= 39″. 13717 *Roy's Scale.*
= 39″. 13842 *Bird's Parliamentary Standard,*
nach **Sabine**, da eine Wiederholung der Katerschen Versuche wegen **Bessels** neuer Theorie der Einwirkung der Luft nothwendig geworden war, (*experiments on the length of the Seconds Pendulum at the Royal Observatory of Greenwich Ph. Tr.* 1831. 459.) im luftverdünnten Raume gemessen
für Greenwich = 39″. 13734 *Shuckburgh's Standard.*
In dem *Act for ascertaining and etablishing Uniformity of Weight and Measures* 17. *Juny* 1824 ist hingegen die Pendellänge = 39. 1393 angenommen, denn es heisst darin: *whereas it has been ascertained by the commissioners appointed by his Majesty to inquire into the subject of weights and measures, that the said Yard hereby declared to be „the Imperial standard Yard", when compared with a pendulum vibrating seconds of mean time in the latitude of London, in a vacuum at the level of the sea, is in the proportion of* 36 *inch to* 39 *inch and* 1393 *tenthousandth parts of an inch: be it therefore enacted and declared, that if at any time hereafter the said Imperial standard yard shall be lost, or shall be in any manner de-*

staben E bezeichnete Länge der *Tower Standard* auf Graham's Skale, welche 1742 zu der Vergleichung des englischen und französischen Maasses gedient hatte,
auf der von Troughton gefertigten Skale
$= 36''.00130$ bei 68°8 F. sei,
die mit F bezeichnete halbe Länge der französischen Toise $= 38''.3561$.

Die neuesten directen Vergleichungen haben wir von Hassler in Nordamerika erhalten. Die Resultate dieser bei Gelegenheit der Küstenaufnahme begonnenen [1]) und neuerdings [2]) erweiterten Untersuchungen scheinen insofern vorzügliches Vertrauen zu verdienen, als die dabei benutzten Etalons beglaubigt waren und so wie die Messapparate durch vorzügliche Künstler verfertigt. Eine der Toisen war von Lenoir verfertigt, und ihre Richtigkeit von Bouvard und Arago verbürgt, die andre vom Jahr 1768 von Canivet vollkommen erhalten. Ausserdem waren 2 von Hassler

---

stroyed, defaced or otherwise injured, it shall and may be restored by making under the direction of the Lord High Treasurer or the commissioners of his Majesty's treasury of the United Kingdom of Great Britain and Ireland, or any 3 of them for the time being, a new standard yard, bearing the same proportion to such pendulum as aforesaid, as the said Imperial standard yard bears to such pendulum.

1) Bessel, über die von Hassler zur Vermessung der Küste der vereinigten Staaten ergriffenen Maassregeln. Schum. astr. Nachr. 6. 349.

2) *Comparison of Weights and Measures of Length and Capacity reported to the Senate of the United States by the Treasury Departement in* 1832 *and made by F. R. Hassler. Washington* 1832.

1791 gefertigte Copien der Toise von Lalande vorhanden. Das englische Maass war eine von Edward Troughton auf Silber in zehntel Zoll getheilte Messingskale, mit einer die Mikroskope nebst Mikrometer tragenden Nebenskale und einem damit verbundenen Reisserwerk zum Abtragen der Theilung, übereinstimmend mit der für Shuckburgh 1795 verfertigten. Diese Vergleichung ergab, beide Maafsstäbe bei der Temperatur des schmelzenden Eises:

Eisentoise von Canivet = 76″.74312493
- - Lenoir = 76″.74120154.

Um diese Bestimmung auf die Normaltemperatur beider Etalons zurückzuführen erhält man

Canivets Toise bei 13°R. = 76″.74312493 } 1.0002036834
Lenoirs - - - = 76″.74120154 } 1.0003152709
engl. Zoll bei 62°F.

da nach den eigenen Versuchen von Hassler zwischen dem Thau- und Kochpunkt

die Ausdehnung des Eisen = 0.0012534363
- - - Messing = 0.0018916254.

Die so reducirten Versuche geben zusammengestellt mit den übrigen folgende Relationen: Die Toise ist

nach Graham	im Jahr	1742	= 76″.71	engl.
- Bird	-	1765	= 76″.734	-
- Shuckburgh	-	1798	= 76″.7122	-
- Hassler	-	1832	= 76″.73463	-
			= 76″.73270	-
		Mittel	= 76″.73336	-

Nach dieser letzteren Bestimmung würde sich der französische zum englischen Fuss verhalten wie 1 : 1.0657063.

Indirect kann das Verhältniss ausserdem aus den Vergleichungen des Meter mit dem englischen Maass gefunden werden, insofern

1 Meter = 444‴.296 der *Toise du Pérou.*

c) Vergleichung des metrischen und englischen Maasses.

Eine mit der Shuckburgh gehörigen Skale vollkommen übereinstimmende, ebenfalls von Troughton getheilte, nebst einem dioptrischen Comparateur, brachte im Jahre 1801 Pictet nach Frankreich. Die durch Prony, Legendre und Mechain mit dem Meter angestellte Vergleichung derselben ergab, dass bei der Temperatur von 12°.75 C. das Platinameter 39″.3781, und das eiserne Meter 39″.3795 engl. gleich sei. Da nun nach den genauen Versuchen von Borda für 1°C. die Ausdehnung des Platina = 0.00000856,

des Eisen = 0.00001156,

des Messing = 0.00001783,

so fand sich bei der Temperatur des schmelzenden Eises

das Platinameter des Instituts = 39″.382755 engl.

das eiserne Meter - - = 39″.382649 -

also, da die Differenz zu vernachlässigen,

beide Meter bei 0° = 39″.3827 engl. bei 0° [1]).

Da aber das englische Maass bei 62° F. seine rechte Länge hat, so erhält man

Meter bei 0° = 39″.371 bei 62° F.

Diese Bestimmung ist in *Kelly Universal Cambist* und in der 1823 in Paris erschienenen französischen Uebersetzung desselben den Reductionen

---

1) Base *du syst. metr.* 3. 463.

zum Grunde gelegt, auch ist sie die, welche in physikalischen Lehrbüchern in der Regel angeführt wird.

Eine neue Vergleichung geschah im Jahr 1818 durch Kater[1]). Die Maafsstäbe waren: 1 *Mètre à bouts* von Fortin, dessen Endflächen genau parallel und genau 1 Meter von einander entfernt waren, und ein *Mètre à traits*, dessen sehr feine Linien $\frac{17.69}{1000}$ Millimeter zu nahe nach der Vergleichung von Arago gefunden worden waren. Durch eine der Troughtonschen ähnliche mikrometrische Vorrichtung mit Mikroskopen von Jones (der Werth eines Theiles $\frac{1}{23363}$ Zoll fand Kater mit dem Ausdehnungscoefficienten 0.00000476 für Platina, und 0.0000104 für Messing für 1° F.

Mètre à bouts bei 0° = 39″.37076 *Shuckburg's Scale* bei 62° F.
Mètre à traits bei 0° = 39″.37081 - - -
Mittel Mètre bei 0° = 39″.37079 *Shuckburgh's Scale* bei 62° F.

Nach dieser Angabe sind die im *Annuaire* jährlich erscheinenden Tafeln von Matthieu berechnet. Es ist nämlich in denselben angenommen:

1 Meter	=	3,2808992	engl. Fuss
-	=	1.093633	Yard
1 Myriameter	=	6,2138	Miles

und daraus

1 engl. Zoll	=	2.539954	Centim.
1 engl. Fuss	=	3,0479449	Decim.
1 engl. Yard	=	0.91438348	Mètre
1 Fathom	=	1.82876696	-
1 Pole or Perch	=	5.02911	-
1 Mile	=	1609,3149	-

1) *On the length of the French Mètre estimated in parts of the English Standard. Ph. Tr.* 1818. 103.

Flächenmaasse.

Yard □	=	0.836097 □ Mètr.
Rod (Quad.Perch.)	=	25.291939 - -
Rood (1210 Yard □)	=	10.116775 ares (100 □ Mètr.)
Acre (4840 □ Yard)	=	0.404671 hectar.
□ Mètre	=	1.196033 □ Yard
Are	=	0.098845 Rood
Hectare	=	2.473614 Acres

Hohlmaasse.

Englisch.		Mètr.
1 Pinte	=	0.567932 Litre
Quart	=	1.135864 -
Imp. Gallon	=	4.54345794 -
Peck	=	9.0869159 -
Bushel	=	36.347664 -
Sack	=	1.09043 Hectol.
Quarter	=	2.907813 -
Chaldron	=	13.08516 -
Litre	=	1.760773 Pinte
	=	0.2200967 Gallon.

Kater fand ausserdem ebenfalls durch directe Messung:

Mètre bei 0° = 39″.37062 *Bird's Parliamentary Standard* bei 62°,

welche letztere Bestimmung den Relationen der Maasse zum Grunde gelegt werden muss, insofern nämlich nicht die Shuckburghsche Skale, sondern die von Bird Gesetzes Kraft erlangt hat.

Die vollständigste Vergleichung des englischen und metrischen Maasses haben wir ebenfalls durch Hassler erhalten. Die Ergebnisse derselben sind folgende, beide Maafsstäbe bei der Temperatur des schmelzenden Eises:

1.	eisernes Meter *à bouts* [1])	= 39''.3809171	Trough-
2.	- - - - [2])	= 39''.3807827	ton Sca-
3.	- - - - [3])	= 39''.3799487	- le.
4.	Platina - *à traits* [4])	= 39''.3804194	- -
5.	Meter von Messing [5])	= 39''.3803688	- -
6.	- - - [6])	= 39''.3804404	- -
7.	- - - [7])	= 39''.38052739	- -
8.	- - - [8])	= 39''.3796084	- -
9.	- - - [9])	= 39''.3795983	- -
10.	- - - [10])	= 39''.3802718	- -
11.	- - - [11])	= 39''.365408	- -

Da die Etalons 1. 3. 4. 5. beglaubigte sind, so hat eine Reduction derselben auf die Normaltemperatur der beiden Maafsstäbe Interesse. Wählt man für Eisen und Messing die Ausdehnungscoef-

---

1) diess von Tralles an Hassler geschenkte Exemplar war eins von den drei, welche Tralles gleichzeitig mit den 15 an die Mitglieder der Commission vertheilten von Lenoir anfertigen liess.

2) von Hassler für das Treasury Departement berichtigt.

3) von Lenoir gefertigt und von Bouvard und Arago mit dem Original übereinstimmend gefunden.

4) nach dem Certificat von Arago $\frac{11}{1000}$ Millimeter zu gross von Fortin gearbeitet; diese Berichtigung ist bei der oberen Angabe berücksichtigt.

5) dasselbe gilt von diesem von Lenoir gefertigten nach dem Attest von Bouvard und Arago $\frac{1}{100}$ Millimeter zu kurzem Etalon.

6) 7) von Lenoir ohne Certificat dem Engineer Departement gehörig.

8) von Fortin dem State Departement gehörig.

9) von Fortin dem Treasury Departement gehörig; nach Fortins Attest vollkommen genau.

10) von Hassler von Lenoirs Messingmeter übertragen.

11) der Universität in Virginien gehörig auf einer Skale von Gilbert in London aufgetragen.

ficienten von **Hassler**, und für Platina den mittleren aus den Versuchen von **Troughton** und **Borda**, nämlich für 1° F. = 0.0000051344, so erhält man

1) 1 Meter bei 0° C. = 39''.36850 engl. bei 62° F.
3) 1 - - - = 39''.36754 - - -
4) 1 - - - = 39''.36789 - - -
5) 1 - - - = 39''.35473 - - -

Nach der preussischen Maass- und Gewichtsordnung soll aber der preussische Fuss 139.13 französische Linien der *Toise du Pérou* enthalten. Daraus folgt

1 preuss. Fuss	=	$0.^{m}313853542749$	
1 Meter	=	3.1861994968767	preuss. Fuss,
1 engl. Fuss	=	11.6536830649416	preuss. Zoll,
1 preuss. Zoll	=	1.0297166	engl. Zoll,

wobei zu bemerken, dass die Normaletalons des preussischen Fusses nicht direct von der Toise abgetragen sind, sondern vermittelst eines von **Pistor** verfertigten mikroskopischen Comparateurs welcher $\frac{1}{1000}$ Millimeter angab, von einem auf einen eisernen Stab von dem Platinaetalon übertragenen Meter, unter der Voraussetzung, dass 3 preussische Fuss für alle Temperaturen mit 0.941384 Meter übereinstimmen [1]).

Verhältnisse der Gewichtseinheiten.

a) alt und neu französisch.

Die Relation des altfranzösischen Markgewich-

---

1) **Eytelwein** über die Prüfung der Normalmaasse und Gewichte für den Königlich Preussischen Staat und ihre Vergleichung mit den französischen Maassen und Gewichten. Abh. der Berl. Akad. 1825. 1.

tes zum Grammengewicht ist durch Lefévre-Gineau bestimmt. Es sind nämlich

1000 grammes = 18827.15 grains p. d. m.
also 1 grain Poids de marc = 0.053114783 Grammen.

b) englisch und französisch.

Um das englische Gewicht dauernd festzustellen, suchte Shuckburgh die Gewichtsverluste dreier mit grosser Sorgfalt von Troughton gearbeiteter Körper in destillirtem Wasser zu ermitteln, nämlich:

eines Würfels,	von	124.18917	Kubikzoll Inhalt,
eines Cylinders,	-	74.94823	- -
einer Kugel,	-	113.5194	- -

und fand dadurch, dass ein Kubikzoll destillirten Wassers bei 29″.74 Druck und 66° F. Temperatur 252.422 *parliamentary grains* wiege. Die Wiederholung dieser Messungen durch Kater[1]) im Jahr 1821 gab für die Dimensionen der drei Körper 124.1969, 75.2398, 113.5264 bei 62° F., und für das Gewicht eines Kubikzolls destillirten Wassers im leeren Raume bei 62° F. 252.722 *parliamentary grains*, welches von dem *Select Comittee on Weights and Measures* als Grundbestimmung des englischen Maasses anerkannt worden ist, und mit der frühern Angabe der Wägung der in der Luft mit Messinggewichten übereinkommt. Aus dieser Bestimmung berechnet Eytelwein das Verhältniss des englischen und des Grammengewichts wie folgt

1) *An account of the re-measurement of the cube, cylinder and sphere used by the late Sir George Shuckburgh in his inquiries respecting a standard of weights and measures. Ph. Tr.* 1821. 316.

1 Decimeter = 3″.937062 engl.
also 1 □Decimeter = 15.500457191918 44 engl. □Zoll
1 Kubik Decimeter = 61.02626099263 5722328 engl. Kubikzoll, so wiegt, wenn wir diese letztere Zahl mit x bezeichnen, 1 englischer Kubikzoll des dichtesten Wassers $\frac{1000}{x}$ Grammen, da ein Kubikdecimeter 1000 Grammen wiegt.

Es verhält sich aber nach Gilpins Versuchen das Gewicht eines Volumens des dichtesten Wassers zu dem Gewicht desselben Volumens von Wasser, dessen Temperatur 62° F. wie 1.00094 : 0.999796, also ist das Gewicht eines englischen Kubikzolles Wasser von 62° F. $= \frac{1000}{x} \cdot \frac{0.999796}{1.00094}$ Grammen. Dieses Gewicht hat aber Kater durch die neue Abwägung der von Troughton für Shuckburgh angefertigten 3 Körper = 252.722 Grains Troy gefunden. Man erhält also

252.722 Grains Troy $= \frac{1000}{x} \frac{0.999796}{1.00094}$ Grammen,
folglich 1 Grain Troy $= \frac{1}{252.722} \frac{1000}{x} \cdot \frac{0.999796}{1.00094}$ Grammen,
also 1 Grain Troy = 0.0647654724449 Gr.
1 Pfund Troy = 373.049121282 Grammen,
1 Pfund Avoirdupois = 453.358307114 Grammen,
daher 1 Gramme = 15.44032587 Grains Troy.

Hingegen giebt Matthieu im *Annuaire* folgende Bestimmungen mit der Bemerkung, dass sie nicht vollkommen sicher sind

1 Pfund Troy Imper.	=	373.0956	Grammen
1 Unze	=	31.0913	-
1 Penny weight	=	1.55456	-
1 Grain	=	0.06477	-
1 Pfund Avoirdupois	=	453.4148	-
1 Unze	=	28.3384	-

1 Dram	=	1.7712 Grammen
1 Ton	=	1015.649 Kilogr.
1 Quintal	=	50.78246 -
1 Gramme	=	15.438 Grains Troy Imp.
-	=	0.643 Penny weight
-	=	0.03216 Unze Troy
1 Kilogr.	=	2.68027 Pfund Troy
-	=	2.20548 Avoirdupois,

wobei das Meter = 3''.937079 gesetzt, also die Skale von Shuckburgh zum Grunde gelegt. Francoeur findet[1])

1 Pfund Troy = 372.9986.

Ausser diesen Berechnungen besitzen wir mehrfache directe Vergleichungen beider Gewichtssysteme. Die erste dieser Vergleichungen geschah in der Londner Münze mit Etalons des Kilogramm, welche der englische General-Consul Morier zu Paris an Lord Castlereagh gesendet hatte, und wurde mit von andern Consuln eingesendeten Etalons wiederholt[2]). Daraus ergab sich

1 Pfund Troy = 373.202 Grammen.

Hingegen berichtet der französische Minister des Innern in einem Schreiben vom 28. Februar 1821, an die englische Maass- und Gewichtscommission, dass die Wägung des nach Paris gesendeten Troypfundes ergeben habe

1 Pfund Troy = 373.233 Grammen.

Die von Weber[3]) mit einander verglichenen

1) *Nouveau Bulletin des Sciences par la Société Philomatique de Paris. Année* 1825. *pag.* 129.

2) *Kelly Universal Cambist and Commercial Instructor. ed.* 2 *London* 1821. *pag.* 225.

3) Ueber die noch vorhandene Unzuverlässigkeit im spezifischen Gewichte des Wassers. Pogg. Annal. 18. 608.

Normalgewichte waren eine Copie des Parlamentarischen Troypfundes, welches er vermittelst einer Robinsonschen Waage nach des Etatsraths Schumacher vom Capitain Kater verbürgten Etalon des Troypfundes berichtigte, und ein von Schaffrinski nach dem in den preussischen Staatsarchiven niedergelegten Platinakilogramm abgeglichenes Argentankilogramm. Diess ergab

1 Pfund Troy = 373.2484 Grammen

Durch Abwägungen vermittelst einer Robinsonschen Waage erhielt van Moll[1])

Kilogramm von	Fortin[2])	= 15432.295	engl. *Imperial*
- -	Fortin[3])	= 15432.752	*Troy Grains*
- -	Gandolfi[4])	= 15432.730	- -
- -	Gandolfi[4])	= 15432.752	- -
- -	Nagel[5])	= 15432.920	- -
- -	Nagel[6])	= 15432.985	- -
- -	Nagel[7])	= 15433.420	- -
Kilogramm[8])		= 15434.91	- -

Die englischen Gewichte waren von Robinson verfertigt. Um über die Uebereinstimmung derselben mit den Originalgewichten Sicherheit zu erhalten, verschaffte sich van Moll von Bate, dem Verfertiger der neuen englischen Gewichte, eine

1) Schumacher astron. Nachrichten 9. 75.

2) Etalon von van Swinden bei Feststellung des metrischen Systems.

3) der holländischen Regierung gehörig.

4) während der französischen Herrschaft von der Direction der Pariser Münze an die Utrechter gesendet.

5) Etalon der Münze gehörig.

6) Etalon des königlich holländischen Instituts.

7) Eigenthum von van Moll.

8) soll ein Normalgewicht sein.

Copie des Parlamentarischen Troypfundes und erhielt

1 Pfund Troy Robinson = 5760 Gr. Rob.
1 - - Bate = 5759.935 - -

Hingegen gaben zwei britische Troypfunde von der Londner Münze vom Jahr 1818

1 Pfund Troy = 5758.57 Grains Robinson
1 - - = 5758.40 - -

woraus hervorgeht, dass der Etalon der Münze nicht mit dem gesetzlichen übereinstimmte. Nimmt man das Kilogramm von van Swinden als Original an, so erhält man

1 Kilogr. = 15432.295 $\frac{5760}{5759.935}$ = 15432.471 *Troy Grains*

reducirt man es hingegen nach den früher angegebenen Wägungen des niederländischen Pfundes, so wird

1 Kilogr. = 15432.295 $\frac{5760}{5759.935} \cdot \frac{492.14908}{492.16772}$ *Troy Grains*

also 1 Kilogr. = 15431.89 *Troy Grains.*

Hassler fand folgende Verhältnisse, das erste Kilogramme als Maass für die übrigen betrachtet:

1) ein Kilogramme von Messing = 1000.000 Grammen = 15433.15902 *Troy Grains*
2) ein Kilogramme von Messing = 1000.000 Grammen = 15433.15902 *Troy Grains*
3) ein Kilogramme von Platina = 1000.0910 Grammen = 15434.56344 *Troy Grains*
4) ein Kubisches getheilt. v. Mess. = 1000.0015 Grammen = 15433.18202 *Troy Grains*
5) ein Kilogramme von Messing = 1000.0055 Grammen = 15433.24392 *Troy Grains*
6) ein Kilogramme von Messing = 1000.0035 Grammen = 15433.21302 *Troy Grains*

7) für gewöhnlichen Gebrauch = 1000.198 Grammen = 15436.21424 *Troy Grains*.

Das „*Pound Troy* 1824 *Bate London*“ gezeichnete Troypfund war vom Capitain Kater für die Münze der Vereinigten Staaten berichtigt und mit einem weitläuftigen Certificat vom 30. Juny 1827 von demselben versehen. Die Wägungen geschahen mit einer von Troughton verfertigten Waage, welche von 10000 *Grains* bis 0.01 wog, also $\frac{1}{1000000}$ angab. Der zwischen den Troughtonschen *Grains* und dem englischen Normaletalon gefundene Unterschied bestätigt die Bemerkung von van Moll, dass die Troygewichte verschieden ausfallen, je nachdem sie von dem Etalon der Londner Münze oder von dem *Imperial Troy Pound* entlehnt werden, welches auch schon aus früheren Wägungen von Shuckburgh hervorgeht. Uebrigens ist zu bemerken, dass, bei der Feststellung des neuen englischen Gewichtssystems, die Gewichte der Münze gar nicht verglichen wurden mit dem zum Etalon bestimmten *Troy Pound* von 1758 von Harris. Die Identität beider könnte desswegen wahrscheinlich sein, weil Harris, als er das letztere Gewicht construirte, zugleich *Chef Assayer* der Münze war, auch versicherten die Münzbeamten Kater, dass ihr Troypfund mit jenem vollkommen übereinstimme. Es scheint aber aus dem angeführten hervorzugehen, dass diess nicht statt findet.

Nehmen wir hier nur die Bestimmungen beglaubigter Etalons auf, so erhalten wir

Vergleichung in Paris: Kilogr.		= 15432.71	*Imp. Troy*
nach Weber	-	= 15432.08222	*Grains*
nach van Moll	-	= 15432.471	-
nach Hassler	-	= 15433.15902	-
Mittel		= 15432.60781	-

Das Verhältniss des Troypfundes zum Kilogramm scheint demnach bis auf $\frac{1}{15000}$ durch Vergleichung der Etalons sicher ermittelt zu sein. Bei der Berechnung der Tafeln, welche die Relationen zwischen dem englischen, französischen und preussischen Gewicht enthalten, schien es mir am passendsten zu sein, die Webersche Bestimmung zum Grunde zu legen, weil hier derselbe Etalon des Kilogramm zur Prüfung beider Maasse gedient hat. In der ersten Ausgabe habe ich die Eytelweinsche Berechnung zum Grunde gelegt. Die Uebereinstimmung der auf so verschiedenen Wegen erhaltenen directen Vergleichungen und die grossen Abweichungen, welche alle von dem Resultate jener Berechnung geben, gestatten es nicht, bei dieser stehen zu bleiben.

Drückt man nämlich das Troypfund in Grammen aus, so erhält man folgende Bestimmungen:

Vergleichung in Paris 1 ℔. *Troy*		= 373.233	Gramm.
nach Weber	-	= 373.2484	-
nach van Moll	-	= 373.2531	
nach Hassler	-	= 373.2223	-
Mittel		= 373.2392	-
hingegen berechnet v. Matthieu		= 373.0965	Gramm.
nach Eytelwein		= 373.0491	-
nach Francoeur		= 372.9986	-
Mittel		= 373.0481	-

c) preussisch und französisch.

Da ein preussischer Kubikfuss

= 0.030915843903252666 Kubikmeter, also ein pr.
Kubikzoll

= 0.0178911337109529 Liter (Cubus, dessen Seite ein Decimeter), der, wenn er mit dem dichtesten Wasser gefüllt ist, 1000 Grammen wiegt, so wiegt ein preussischer Kubikzoll des dichtesten Wassers 17.8911337109529 Gr. Nach Gilpins Versuchen verhält sich die Dichtigkeit des dichtesten Wassers zu der bei 13° R. wie 1.00094 : 0.999421, das Gewicht eines preussischen Kubikzolls Wassers von 15° R. ist also $\frac{0.999421}{1.00094}$ des vorigen oder

= 17.8639622919 Grammen.

Die preussische Maass- und Gewichtsordnung will aber, dass ein preussisches Pfund der 66ste Theil des Gewichtes eines preussischen Kubikfusses Wassers von 15° R., d. h. dass das Gewicht eines Kubikzolles solchen Wassers $\frac{11}{288}$ pr. Pfund sein soll. Man erhält also

$\frac{11}{288}$ Pfund Pr. = 17.8639622919 Grammen,
d. h. 1 Pfund Pr. = 467.711012733 Grammen,
1 Loth Pr. = 14.6159691479 Grammen,
1 Kilogramme = 2.138072384 Pr. Pfund,
1 Gramme = 0.068418316288 Pr. Loth,

nach welchen Bestimmungen die preussischen Normalgewichte construirt worden sind, welche als richtig anerkannt wurden, wenn 467.711 Grammen eines messingenen Grammensystems genau ein preussisches Pfund auf einer Waage aufwogen, welche mit einem Kilogramme auf einer Seite belastet bei dem Zulegen eines halben Milligramms $\frac{2}{3}$ Grad am Gradbogen Ausschlag gab. Für das von Schaffrinski in Messing vom Hectogramm bis zum Zehntel des Milligramm herab ausgearbeitete Grammensystem war als Einheit ein messinge-nes Kilogramm angenommen, welches Klaproth von dem Pariser Nationalinstitut zum Geschenk erhalten hatte und von Fortin verfertigt war. Eine directe Vergleichung desselben mit dem beglaubigten Platinakilogramm ergab:

Platinakilogramm bei 15° R. 339'''. par. Bar.
= 1000.0898 Grammen des messing. Grammensystem,
Gewichtsverlust im destillirten Wasser
= 49.7995 Grammen des messing. Grammensystem,
Messingkilogramm von Klaproth
= 1000.0000 Grammen des messing. Grammensystem,
Gewichtsverlust im destillirten Wasser
= 123.9065 Grammen des messing. Grammensystem,

woraus nach der Reduction auf den leeren Raum bis auf weniger als ein Milligramm Unterschied beide Kilogramme als übereinstimmend anerkannt wurden.

d) preussisch und englisch.

Aus der Combination des Verhältnisses des französischen zum preussischen und englischen Gewicht folgt endlich nach Eytelwein[1])

1 *Grain Troy*	=	0.0044311445782	pr. Loth,
1 Pfund *Troy*	=	25.5233927704	pr. Loth,
1 Pfund *Avoirdupois*	=	31.0180120474	pr. Loth,
1 pr. Loth	=	225.67532662	*Grains Troy.*

Legt man hingegen die direct gefundenen Ver-

1) Eytelwein Vergleichung der neuesten englischen Maasse und Gewichte mit den preussischen. Abh. d. Berl. Akad, 1827. 1.

hältnisse zu dem Kilogramm zum Grunde, so erhält man:

1 ℔ *Troy* = $\frac{373.2484}{467.7110}$ pr. ℔	= 0.7980324	pr. ℔
	= 25.5370368	pr. Loth
1 *Grain Troy*	= 0.00443351	- -
1 Pfund *Avoirdupois*	= 31.03457	- -
1 Unze	= 1.939661	- -

Die erhaltenen Gewichtseinheiten sind also in Grammen ausgedrückt folgende:

1 Pfund *Poids de marc*	= 489.506	Grammen
1 Pfund *Imperial Troy*	= 373.2484	-
1 Pfund *Avoirdupois*	= 453.6005	-
1 preussisches Pfund	= 467.1101	-
1 Wiener Pfund Hand.	= 560.0164	-
1 holländisches Pfund	= 492.14908	-
1 schwedisches Pfund	= 425.1225	-
1 russisches Pfund	= 408.9512	-
1 Marco Castilliano	= 230.3068	-

II. Messen.

Jedes der betrachteten Maasse kann in beliebig viele Theile getheilt gedacht werden, denn wenn z. B. die Länge einer Linie bekannt ist, so ist der tausendste Theil derselben ebenfalls bestimmt. Anders verhält es sich aber mit der wirklichen Theilung. Zwischen der Entfernung zweier Punkte, welche wir Zoll nennen, giebt es viele einander nähere Punkte, es fragt sich aber, ob wir zwei 1000 Mal nähere Punkte noch neben einander werden sehen können, ob sie für unser Auge nicht zusammenfallen. Denn unsre Sinne sind an gewisse Grenzen gewöhnt, die wir durch Uebung wohl erweitern, aber nicht beliebig überschreiten können. In der empirischen Physik soll die Bewährung alles Inhalts die Erfahrung sein. Diese Erfahrung ist durch die Sinne vermittelt; diese Vermittelung, wo es auf quantitative Bestimmung ankommt, eine Annäherung. Wie gross ist diese Annäherung, was erfahren wir durch die Sinne, was nicht?

1. Messen der Zeit.

Dass zwischen dem sinnlichen Eindruck und dem Bewusstwerden desselben eine Zeit verfliesse, scheint für das Auge dadurch erwiesen zu sein, dass verschiedene durch häufige Beobachtungen hinlänglich geübte Beobachter dieselbe Erscheinung nicht zu gleicher Zeit wahrgenommen zu haben glauben. Der Unterschied der Zeit, welcher sich zwischen den Angaben zweier Astronomen zeigte, welche gemeinschaftlich Sternbedeckungen beobachteten, war für verschiedne Beobachtungen derselben gleich, verschieden aber für verschiedene Individuen. Hiermit scheint die bekannte Erfahrung zusammenzuhängen, dass ein Eindruck auf das Auge noch fortdauert, wenn die erregende Ursache bereits zu wirken aufgehört hat, dass wir also eine Zeit bedürfen, um uns bewusst zu werden, dass etwas jetzt ist und nicht mehr ist. Die Anzahl der Eindrücke, deren wir uns in einer Secunde als auf einander folgend bewusst werden, ist daher eine begrenzte. Eine glühende Kohle erscheint als ein feuriger Kreis, wenn sie $7\frac{1}{2}$ Mal in der Secunde herumgeschwungen wird [1]). Wenn wir also etwas in einer Secunde $7\frac{1}{2}$ Mal an derselben Stelle sehen, so sehen wir es ununterbrochen an derselben. Da aber die erhaltenen Eindrücke allmälig abklingen, nicht plötzlich erlöschen, so wird jene zur Dauer nothwendige Wiederholung der Eindrücke viel geringer sein, wenn wir, nur die Bedingung der Continuität festhaltend, mit dem geschwächten Eindruck uns begnügen, ausserdem die Qualität des Leuchtens: die Farbe, von Einfluss sein, wie Plateau [2]) durch sinnreiche Versuche gezeigt hat. Am frappantesten sind in dieser Beziehung die Erscheinungen des Thaumatrop. Eine kreisrunde Scheibe, auf welcher ringförmig Worte geschrieben sind, wird horizontal befestigt. Durch ihre durchbohrte Mitte geht die Achse einer Welle, welche darunter sehr rasch gedreht werden kann. Am obern Ende dieser Achse ist eine schwarze Scheibe befestigt, so gross als die darunter liegende beschriebene, der sie parallel ist, und mit einem Einschnitt versehen, welcher vermittelst eines Schiebers sich beliebig erweitern lässt. Man öffnet diesen so weit, dass von der darunter liegenden Schrift nur ein Buchstaben gesehen wird. Dreht man nun die obere schwarze Scheibe über der ruhenden weissen, so werden nach einander alle Buchstaben einzeln durch den Einschnitt sichtbar. Bei einer bestimmten Drehungsgeschwindigkeit sieht man die Schrift vollständig. Befestigt man hingegen an der gedrehten

1) d'Arcy *in Mém. de l'Acad. de Paris* 1765.

2) *dissertation sur quelques propriétés des impressions produites par la lumière. Liège* 1829.

Achse ein lothrechtes Blatt, auf dessen Vorderseite ein Kreis, auf der Hinterseite ein in ihn passendes Dreieck gezeichnet ist, so sieht man dasselbe in den Kreis eingeschrieben. Beliebige Figuren lassen sich auf diese Weise aus ihren auf Vorder- und Hinterfläche gezeichneten Theilen durch Drehung zusammensetzen und sind von allen Seiten zugleich sichtbar, auch lassen sich, wie bei dem ebenen Farbenkreisel [1]), gemischte Farben aus ihren auf beiden Seiten vertheilten Componenten darstellen. So verschwinden die Speichen eines Rades bei rascher Drehung, die bei der Ruhe unsichtbaren Wimpern der Infusorien werden bewegt eine kleine sichtbare Fläche, eine tönende Saite erscheint als ein durch Rotation entstandener Körper [2]), und die glänzenden Knöpfchen

---

1) Der belehrendste Versuch mit demselben scheint mir die Darstellung der sogenannten Neutonschen Farbenringe aus den Ringsystemen der einfachen Farben zu sein, welche man in den Sectoren eines und desselben Kreises aufzutragen hätte. Wenn man in drei Sectoren die Abwechselung der hellen und dunkeln Ringe für blau, gelb und roth in dem entsprechenden Verhältniss wie ihre Radien bei der Beleuchtung mit einfachem Lichte erscheinen, aufzeichnete, und zu gleicher Zeit die Grösse der Sectoren so wählte, dass der blaue etwa vier Mal so gross als der gelbe, der rothe hingegen nur wenig breiter als der gelbe wäre, so würde diess durch Drehung entstehende Ringsystem die Mischungsfarben deutlich erscheinen lassen.

2) Durch die Interferenzerscheinungen ist es wahrscheinlich, dass alle leuchtenden Körper in fortdauernden Schwingungen begriffen sind. Wie bei der tönenden Saite sehen wir nur die äusseren Grenzen dieser Schwingungen.

des Kaleidophon bilden in anmuthigen Verschlingungen die mannichfachsten Figuren [1]). Auffallender aber sind die Täuschungen der Stroboskopischen Scheiben und Cylinder. Indem das Auge hier rasch hintereinander Darstellungen der verschiedenen Stadien der Bewegung eines Körpers erblickt, glaubt es diesen Körper selbst in Bewegung begriffen zu sehen, da die auf einander folgenden Eindrücke einander an derselben Stelle so schnell folgen, dass sie von demselben Körper ausgegangen zu sein scheinen. Die rotirenden Cylinder gewähren den Vortheil, dass die durch die Drehung an ihnen wahrzunehmenden Erscheinungen von mehreren zugleich beobachtet werden können, und zu ihrer Entstehung ein Spiegel nicht erfodert wird.

Durch das Ohr erhalten wir eine weitergehende Zeittheilung, denn es unterscheidet noch 2 Töne als aufeinanderfolgend, welche nur $\frac{1}{50}$ Secunde von einander abstehen. Die Schläge zweier Uhren, von denen die eine richtige Secunden schlägt, die andre in 99 Secunden 1 Schlag mehr macht, treffen alle 99 Secunden zusammen, und weichen nach

1) Nach der Neutonschen Emanationstheorie werden Gegenstände dadurch für unser Auge sichtbar, dass von ihnen Theilchen gradlinig fortgeschleudert werden, deren Zusammentreffen mit unserm Organ in uns die Vorstellung des Lichtes hervorruft. Da die Geschwindigkeit desselben ohngefähr 40000 Meilen in der Secunde beträgt, so könnten, wenn wir selbst 100 Lichteindrücke in diesem Zeitraum als gesonderte zu unterscheiden vermöchten, die einzelnen Lichttheilchen doch 400 Meilen von einander entfernt sein, ohne dass wir eine Unterbrechung des Leuchtens bemerken würden.

dem Zusammentreffen immer mehr von einander ab, so dass sie nach 50 Secunden am weitesten von einander abstehen, worauf sie sich einander wieder immer mehr nähern[1]). Die Dauer eines Schlages der zweiten Uhr ist, da sie den Zeitraum von 99″ in 100 Theile theilt $\frac{99}{100}'' = 1'' - \frac{1}{100}''$, der Unterschied beider bei dem ersten Schlage nach dem Zusammentreffen also $\frac{1}{100}''$, bei dem zweiten $\frac{2}{100}''$ u. s. f., um welche die langsamere Uhr hinter der schnelleren nachbleibt. Da dieses Nachbleiben nach 100 Schlägen $\frac{100}{100}$ d. h. eine Secunde beträgt, so wird der dann folgende Schlag der Secundenuhr sich mit dem der schneller gehenden vereinigen und die Erscheinung auf dieselbe Weise sich wiederholen. Man bemerkt nun, dass, wenn man einen Schlag zweier so gehenden Uhren als zusammenfallend hört, der dritte schon als zwei Schläge vernommen wird, obgleich der beide trennende Zeitraum nur $\frac{1}{50}$ Secunde beträgt[2]). Eine

1) Die erste Anwendung dieses akustischen Nonius schreibt Kater dem Doctor Wollaston zu. *The principle, on which this method of coincidences is founded,* sagt er in Beziehung auf seine Pendelversuche, *was employed by Dr. Wollaston in May* 1808, *the moment of coincidence being determined however by sound instead of sight.* Da durch die Schwingungen zweier tönenden Körper, welche Schwebungen hervorbringen, auf eben dieselbe Weise derselbe Zeitraum zweifach in gleiche Theile getheilt wird, so bestimmen diese Schwebungen unter günstigen Umständen die Anzahl der tönenden Schwingungen mit einer Sicherheit von 1 auf 1000. Weber Compensation der Orgelpfeifen. Ann. d. Ph. 90. 399.

2) Diese Grenze der Zeittheilung erreichte Bessel: „Untersuchungen über die Länge des einfachen Secunden-

Aufeinanderfolge von mehr als 100 Schlägen in der Secunde wird daher schon als ununterbrochener Schall vernommen[1]); dass aber, je stärker die einzelnen Schläge sind, desto geringer die Anzahl der in einer bestimmten Zeit unterscheidbaren sein wird, leuchtet ein, da der stärkere Eindruck langsamer verschwindet, ist ausserdem durch Savart's[2]) Versuche erwiesen.

Noch weiter scheint die Zeittheilung durch das Gefühl zu gehen; doch zeigt eine nähere Betrachtung, dass diess nicht stattfindet. Die Gesetze der Akustik lehren, dass jeder Ton durch eine bestimmte Anzahl Schwingungen entsteht, welche seine Höhe bedingt. Die Hand fühlt aber deutlich

---

pendels" p. 15. Die hierbei angewendeten Uhren differirten in einer Stunde um einen Schlag, es wurden daher viele auf einander folgende Schläge als zusammenfallend gehört.

1) Diess findet nach Volta's Erklärung bei der Entladung der Leidner Flasche statt. Immer zeigt sie auf der Seite, wo sie durch Mittheilung electrisirt wurde, freie Electricität, die man durch einen Funken entfernen kann. Die Wegnahme desselben ruft auf der andern Belegung freie Electricität hervor, die, wenn sie entfernt ist, auf der ersten von Neuem Electricität frei macht, wenn nämlich die Flasche auf einem gut isolirenden Harzkuchen steht. Durch abwechselndes Berühren der äussern und innern Belegung entladet man so die Flasche durch mehrere hundert kleine Funken. Berührt man beide Belegungen zu gleicher Zeit, so findet jenes abwechselnde Entladen so rasch statt, dass wir die Aufeinanderfolge einzelner schwacher Funken als einen einzigen starken Schall vernehmen.

2) *Sur la perception des sons graves. Ann. de Chim. et de Ph.* 47. 61.

das Beben einer Saite, welche in der Secunde mehrere hundert Schwingungen macht. Man könnte daraus schliessen, dass die Hand in der Secunde mehrere hundert Berührungen zu unterscheiden vermöchte. Dem ist aber nicht so. Eine Stimmgabel zum Tönen angeschlagen, hämmert hörbar an der Wand, wenn man ihre Zinke daran hält, und die gehörten Schläge sind vielleicht nur 10, während die Anzahl der Schwingungen 840 ist. Durch das Anschlagen werden nämlich die Schwingungen gestört und unregelmässig. Die Elasticität der Substanz gleicht aber diese Störung bald wieder aus, die Schwingungen werden wieder regelmässig, dadurch ihre Weite vergrössert und ein neues Anschlagen herbeigeführt, welches bei der 80sten Schwingung stattfinden mag. Die neue Störung ist erst bei der 160sten Schwingung ausgeglichen, bei welcher die Stimmgabel zum dritten Male anschlägt u. s. f. Erst wenn die Elongationen der Schwingungen bei verhallendem Tone sehr klein werden, verwandeln sich die einzelnen Schläge in einen Ton von bestimmter Höhe. Auf ähnliche Weise entsteht der tiefere Ton, welchen man bei losem Aufsetzen des Stieles der Stimmgabel erhält. Ist er die tiefere Octave, so treffen alle Schwingungen, deren Kennziffer eine ungerade Zahl ist, die Unterlage; die, deren Kennziffer eine gerade Zahl ist, geschehen hingegen in der Luft. Berühren wir einen leuchtenden Körper, so fühlen wir vielleicht nur die äusseren Grenzen der Schwingungen. Wie viel Eindrücke aber man in der Secunde durch das Gefühl zu unterscheiden vermag, ist noch nicht ermittelt.

Ist also, wie wir gesehen haben, $\frac{1}{50}$ Secunde der kleinste unsern Sinnen unterscheidbare Zeittheil, so folgt unmittelbar, dass kleinere Unterabtheilungen nur indirect gefunden sein können. Wenn wir daher die Höhe der einzelnen Töne der 10 Octaven, welche das menschliche Ohr vernimmt, durch Zahlen zwischen 30 und 30000 angeben, so sind diese Bestimmungen nur berechnet durch das Längenverhältniss von Saiten oder Pfeifen. Die Sicherheit jener Bestimmungen findet aber in der Sirene eine so unabweisbare Bestätigung, dass das Vertrauen gerechtfertigt erscheint, welches man vor der Erfindung dieses Instruments durch Cagniard de la Tour in jene theoretisch geschlossenen Zahlenverhältnisse setzte. Die Zeiten sind vorüber, wo man in der Naturbetrachtung sich durch Zahlen imponiren liess. Es wäre aber noch thörichter, wenn man sehr grossen oder sehr kleinen Zahlen misstrauen wollte, eben weil sie sehr gross oder sehr klein sind. Wenn die Wellentheorie behauptet, dass ein Körper dadurch roth ist, dass er in der Secunde 458 Billionen Schwingungen vollführt, blau, wenn die Anzahl derselben 600 Billionen, violet bei 727 Billionen, so meinen Einige, „dass Zahlen geduldig sind;“ Andere, dass von solchen Untersuchungen der Ausspruch gelte:

ils posèrent sur la nature
la main, qui la mesure,
et la nature se glaça.

Gehen wir auf den ersten Einwurf ein, da, dass quantitative Unterschiede in qualitative umschlagen können, selbst in der Kunst anerkannt wird, so sind die jenen Zahlenverhältnissen zum Grunde liegenden Bestimmungen: die Wellenlängen der verschiedenen einfachen.[1]) Farben und die Geschwindigkeit des Lichtes. Für die ersteren hat Frauenhofer in Beziehung auf die festen Linien des Spectrum in Pariser Zollen folgende Grössen gegeben:

B = 0.00002541
C = 0.00002422
D = 0.00002175
E = 0.00001945
F = 0.00001794
G = 0.00001587
H = 0.00001464

Grössen, welche allerdings sehr klein sind, da die Tonwelle des höchsten Tones fast $\frac{1}{2}$ Zoll lang ist, aber doch nicht so klein, dass wir sie nicht vermittelst unsrer optischen Instrumente fast zu er-

1) Einfach im optischen Sinne. Der Einwurf, dass man mehrere Farben, welche die Physik einfach nennt, zusammensetzen könne, dass jene Bezeichnung also falsch sei, indem etwas nicht zugleich einfach und zusammengesetzt sein könne, ist mit bekannten Erfahrungen in gradem Widerspruche. Durch Angeben einer reinen Quinte entsteht bekanntlich ein um eine Octave tieferer Ton, als der tiefere der Töne der Quinte. Dieser Tartinische Ton kann zusammengesetzt genannt werden, indem er durch die Coincidenzen zweier tönenden Körper hervorgebracht wird. Es wird aber wohl niemand leugnen, dass derselbe Ton auch durch Schwingungen eines Körpers erregt werden kann, in demselben Sinne also einfach genannt zu werden verdient, in welchem jener zusammengesetzt heisst. Dass diese Betrachtung keine directe Anwendung auf die Farben findet, ist bekannt, da ihr Intervall nur eine Septime beträgt. Sie wird aber dazu dienen, das Oberflächliche jenes Raisonnements aufzuzeigen.

reichen vermöchten. Jene enormen Zahlen entstehen daher nur durch die Combination dieser kleinen Grössen mit der ungeheuren Geschwindigkeit des Lichtes, welches, wie die Aberration und die Verfinsterung der Jupitersmonde zeigt, die Entfernung von 20666800 Meilen in 493.19 Secunden durchläuft, eine Geschwindigkeit, welche so gross ist, dass ein Sonnenstrahl mit einem Spiegel von der Erde zurückgeschickt, in einer Viertelstunde nach der Sonne zurückkehren würde, die Antwort auf eine Frage aber erst in einem Jahrhundert.

Kennen wir nun die Grenzen, welche wir sowohl durch das Gefühl als durch das Auge in Beziehung auf Zeittheilung erreichen können, so fragt sich, auf welche Weise führen wir diese Theilung am passendsten aus. Dass man Zeit durch Bewegung misst, versteht sich von selbst. Welche Bewegung wird aber die sicherste Messung geben? Die bisher benutzten sind:

1. die Bewegung des Schattens eines von der Sonne beleuchteten Körpers;

2. das Auslaufen einer Flüssigkeit oder des Sandes aus Oeffnungen von gegebenem Durchmesser;

3. die Schwingungen eines Pendels oder allgemeiner: die Bewegung eines fallenden Körpers auf einer vorgeschriebenen Bahn;

4. die Schwingungen einer elastischen Feder.

1. Der Sonnenuhren bedient man sich in der Regel nur, um ohngefähre Bestimmungen der Tageszeit zu erhalten, weniger um die Dauer eines Zeitraums zu ermitteln. Ausserdem ist die Anwendung derselben, eben weil sie nicht zu jeder Zeit

gebraucht werden können zu beschränkt, um nicht andere Zeitmesser nöthig zu machen. Wenn auch in den Polarisationserscheinungen des Himmelsgewölbes die Möglichkeit gegeben ist, selbst wenn die Sonne unter dem Horizont ist, aber die Dämmerung noch fortwährt, den Stand der Sonne zu ermitteln, also eine Sonnenuhr für die Nacht zu construiren, so ist doch die Trübheit des Himmels zu oft ein Hinderniss jeder möglichen Anwendung. Die Vorschläge, die täglichen Oscillationen des Barometers oder die täglichen Schwingungen einer freischwebenden Magnetnadel zur Zeitbestimmung zu benutzen, sind mehr pikante Ausdrucksweisen für die überraschende Regelmässigkeit dieser Erscheinungen, als wirklich im Ernst gemeinte Empfehlungen dieser Mittel.

2. Die Methode, durch Auslaufen einer Flüssigkeit die Zeit zu bestimmen, deren sich vorzugsweise die Alten bedienten, wurde zuerst durch Hero verbessert, welcher durch Anbringung eines schwimmenden Hebers eine stets gleiche Ausflussgeschwindigkeit erhielt. Statt des Wassers wählte Kepler Quecksilber und die Anwendung desselben zur Bestimmung kleiner Zeiträume ist neuerdings von Kater wieder vorgeschlagen worden. Fliesst nämlich durch eine kleine Oeffnung aus einem Gefässe mit gleichbleibender Druckhöhe Quecksilber in ein andres Gefäss, so wird, wenn man bei dem ersten Moment die Oeffnung so wendet, dass der Ausfluss in ein zweites geschieht, und man bei dem zweiten Moment die anfängliche Richtung wieder herstellt, die Wägung der in das zweite ausgeflossenen Quecksilbermenge eine ge-

naue Zeitmessung geben, wenn vorher durch Vergleichung mit einer Uhr ermittelt worden, wie viel in einem gegebenen längeren Zeitraume ausfloss.

Da nach den Versuchen von Huber Burnand die Sandmenge, welche in einer gegebenen Zeit durch eine gegebene Oeffnung im Boden eines Gefässes ausfliesst, sowohl dem Volumen als dem Gewicht nach ganz gleich bleibt, welches auch die Höhe des Sandes zu Anfang des Ausflusses ist, so eignet sich trockner nicht mehlartiger Sand vorzüglich zur Zeitmessung. Obgleich nun sowohl durch eine Gewichts- als Volumensbestimmung des ausgeflossenen die Dauer jedes Zeitraums gemessen werden kann, so wendet man Sanduhren doch nicht sowohl an, um verschiedene Zeiträume zu messen, als vielmehr um immer dieselbe Zeitdauer bequem zu erhalten. Man bedient sich daher der Minuten- und Secundengläser vorzugsweise zur Bestimmung der Geschwindigkeit des Schiffes. Das Maass derselben ist die Länge der Logleine, welche während des Ausflusses des Sandes durch die Hand läuft.

3. Nennen wir Tautochrone die Curve, auf welcher ein schwerer materieller Punkt immer nach derselben Zeit den tiefsten Punkt erreicht, von welchem Punkte der Curve er auch ausgegangen ist, so scheint die Lösung der Aufgabe einer genauen Zeitmessung durch die Ermittelung dieser Curve gegeben. Bekanntlich ist im leeren Raume die Cycloide eine solche Curve und zwar sie nur allein. Da nun der Endpunkt eines an ein lothrechtes Blech sich anlegenden biegsamen gespannten Fadens eine Cycloide beschreibt, wenn das

Blech selbst cycloidisch gekrümmt ist, so scheint eine solche Vorrichtung, welche im Jahr 1656 von Huyghens angegeben wurde, die Zeit in vollkommen gleiche Theile zu theilen. Abgesehen aber von den praktischen Schwierigkeiten bei der Ausführung ist der Widerstand der Luft, nur wenn die Schwingungen sehr klein sind, der Geschwindigkeit proportional, nicht aber für grössere Schwingungen. Der Isochronismus der Schwingungen findet daher in der Luft bei dem cycloidischen Pendel nicht statt. Hooke kehrte bald nachher zu dem gewöhnlichen Pendel zurück, für dessen Bewegung Huyghens ebenfalls die Gesetze entwickelt hatte und erhielt einen überraschend regelmässigen Gang, als er ein sehr schweres Pendel in kleinen Bogen schwingen liess. Diese Einrichtung haben alle neueren Pendeluhren, welche sich von der ursprünglichen Huyghensschen Einrichtung hauptsächlich durch Vervollkommnung der Auslösung d. h. der Vorrichtung unterscheiden, vermittelst welcher der Gang der Uhr durch die Schwingung des Pendels regulirt wird, welches bei dem Anfang jeder Schwingung durch das vermittelst des Gewichtes bewegte Räderwerk eine kleine Beschleunigung erhält, welche das ersetzt, was es durch den Widerstand der Luft und die Reibung verloren hat.

Der Isochronismus der Schwingungen wird aber noch auf eine andere Weise gestört, welche zu verhindern den Scharfsinn der Künstler mannigfach in Anspruch genommen hat. Die Dauer einer Schwingung hängt von der Länge des Pendels ab, bleibt also nur dieselbe, wenn jene unverändert bleibt. Durch die Wärme wird aber die Pendelstange ausgedehnt, durch die Kälte verkürzt. Jede Uhr muss daher im Sommer langsamer gehn, im Winter rascher, weil in derselben Zeit die Anzahl der Schwingungen desto geringer wird, je länger das Pendel ist. Dass aber auch die kleinsten Längenänderungen endlich den regelmässigen Gang der Uhr stören, leuchtet ein, da die Abweichungen der Schwingungsdauer immer in demselben Sinne geschehen, sich also endlich zu bemerkbaren Unterschieden summiren. Bei einer Pendelstange von Eisen beträgt z. B. für einen Temperaturunterschied von 11° R. die Aenderung des Ganges 6 Secunden in 24 Stunden. Lalande bestimmt den Unterschied zwischen Winter und Sommer auf 20 Secunden in 24 Stunden.

Diesem Uebelstande kann auf doppelte Weise abgeholfen werden, entweder dadurch, dass man die Temperaturänderungen aufhebt, die Uhr also in einem Raume beobachtet, dessen Wärme constant erhalten wird, oder dass man die Länge der Pendelstange bei verschiedenen Wärmegraden unverändert erhält. Der ersten Bedingung kann nur selten und mit der grössten Schwierigkeit genügt werden, man hat daher von jeher den zweiten Weg eingeschlagen.

Unter den festen Substanzen dehnt Holz im Sinne der Länge der Fasern sich am wenigsten aus, nach den Versuchen

von Kater	Tannenholz	0.0000022685	für 1° F
von Struve	-	0.0000028444	- -

Graham verfertigte daher Pendelstangen von Ebenholz und Nussbaumholz, fand aber bald, dass die hygroskopischen Veränderungen des Holzes [1]) der Gleichförmigkeit des Ganges schaden. Dieser Einfluss der Feuchtigkeit scheint, wenn das Holz vorher vollkommen ausgetrocknet und gut überfirnisst oder vergoldet wird, nach den Beobachtungen von Kater und Browne unbedeutend zu sein, doch bleibt die thermische Ausdehnung, welche, wenn auch gering, doch immer vorhanden ist.

Da die Ausdehnung verschiedener Substanzen verschieden ist, zwei aus verschiedenen Metallen gefertigte Stangen daher, um sich um gleichviel aus-

1) Mit wie bedeutender Kraft das Holz sich zusammenzieht, wenn es trocknet, hat man oft zu beobachten Gelegenheit, wenn man Instrumente von Mechanikern erhält, welche auf die Austrocknung des von ihnen verarbeiteten Holzes nicht die gehörige Sorgfalt verwenden. Starke gläserne Cylinder werden oft von Aussen nach Innen durch die hölzerne Fassung, welche ihnen als Fuss oder als Deckel dient, zerdrückt. Sprengt man doch in Frankreich durch quellendes Holz die einzelnen Mühlsteine von den zu mehreren Fuss Höhe ausgearbeiteten Cylindern, ähnlich der auf thermische Ausdehnung und Zusammenziehung beruhenden Methode, welche man bei dem Sprengen in den Granitbrüchen von Seringapatam nach der Beschreibung von Kennedy (*account of the Erection of a Granite Obelisk of a Single Stone about Seventy Feet high at Seringapatam. Ed. Phil. Trans.* 9. 312) anwendet. Dass die hygroskopischen Aenderungen der Länge der Pendelstange aber erheblicher sind, als die thermischen, geht aus den Beobachtungen von Wollaston hervor, welcher fand, dass eine mit einer Pendelstange von Fichtenholz versehene Uhr im Winter langsamer als im Sommer ging, so dass sie in 30 Tagen im Juni 56 Secunden voreilte. Man könnte daher vielleicht Uhren mit für die Wärme compensirten Holzpendeln als Hygrometer anwenden.

zudehnen, verschiedene Längen haben müssen, so versuchte Graham, indem er die Ausdehnung derselben nach entgegengesetzten Richtungen wirken liess, die Veränderung der Länge dadurch zu compensiren. Da aber seine im Jahr 1715 angestellten Versuche über die Ausdehnung der Metalle ihm nur geringe Unterschiede unter denselben gaben, so brachte er an die Pendelstange einen mit Quecksilber gefüllten Cylinder von Glas an, später einen inwendig gefirnissten Cylinder von Messing ebenfalls mit Quecksilber gefüllt, und erhielt dadurch einen sehr verbesserten Gang. Diese in neuerer Zeit vielfach angewendete Compensation wurde aber bald durch das rostförmige Pendel verdrängt, welches Harrison aus 5 Stahlstangen und 4 Messingstangen construirte, und welches von Troughton als röhrenförmiges Pendel die compendiöseste Form erhielt. Durch die Entdeckung von Smeaton, dass Zink sich sehr bedeutend ausdehne, und durch die genauen Versuche von Berthoud ist die einfachere Compensation durch dasselbe an die Stelle der Messingcompensation getreten, und zwar geschieht diese Compensation in der Regel durch 2 Zinkstangen, wie in den Pendeluhren von Arnold, Breguet und Jürgensen oder durch eine in der Mitte befindliche, wie es von Repsold geschehen. Dieser Künstler war es auch, welcher nach einem fast hundertjährigen Vergessen die Vorzüglichkeit des Grahamschen Vorschlages, durch Quecksilber zu compensiren, bewies, und es haben sich die mit derselben von Tiede verfertigten Pendeluhren als trefflich bewährt. In Frankreich hat Pecqueur das Quecksilber in dem Zwischenraume zwischen 2 hohle Cylinder eingeschlossen, in England aber vorzugsweise Francis Baily die Construction solcher Uhren näher bestimmt. Da aber bei der thermischen Ausdehnung des Quecksilbers dieses an den Wänden haftet, die Quecksilbersäule sich also nur in der Mitte erhebt, so hat Browne vorgeschlagen, eine Glasplatte darauf schwimmen zu lassen. Eine mit der Einrichtung der Quecksilbercompensation nahe übereinstimmende Construction ist die, wo eine Holzstange in den Boden eines Zink- oder Bleicylinders eingeschraubt wird, da Blei und Zink einestheils und Holz anderntheils unter den festen Substanzen am weitesten in Beziehung auf Ausdehnung durch Wärme auseinanderstehen. Diese Einrichtung ist von Kater und Baily angegeben worden.

Bei den rostförmigen Compensationen sahen wir die Anzahl der Compensationsstangen allmälig abnehmen, je stärker thermisch sich ausdehnende Metalle man kennen lernte. Ausser den angeführten und der einfachen Zinkcompensation von Ward kann noch Benzenbergs aus einer Bleistange und 4 Eisendrähten bestehende Compensation angeführt werden, welche durch Kater eine der Troughtonschen ähnliche Röhrenform erhalten hat, ebenso Reid's Einrichtung, wo die Pendellinse auf einem hohlen Zinkcylinder ruht, dessen Boden an die eiserne Pendelstange angeschraubt ist. Da aber eine Stange, wenn sie auf den kürzeren Schenkel eines Hebels wirkt, am längeren ihre Ausdehnung im Verhältniss der Länge der Hebelarme vergrössert, so ist die bereits von Graham im Jahr 1735 ausgeführte, später von ihm aufgegebene Compensation durch Hebelwerke 1752 wieder von Ellicot aufgenommen und ausgeführt worden. Es ist bekannt, dass die neuern Mechaniker fast überall von dem Princip der Vergrösserung durch Hebelwerke bei thermischen und hygroskopischen Längenänderungen zurückgekommen sind, doch muss bemerkt werden, dass ein von Mahler erfundenes auf Hebelwerke gegründetes Compensationspendel aus der Werkstatt von Utzschneider vorzüglich zu sein scheint.

Auf ein andres Princip als die bisherigen sind die Compensationen von Martin gegründet. Werden zwei gradlinige aus verschiedenen Metallen gefertigte Stangen parallel neben einander gelegt und an ihren Enden fest aneinander geschraubt, so wird, wenn beide bei einer bestimmten Temperatur gradlinig sind, diess bei keiner andern stattfinden, sondern sie werden bei der ungleichen Ausdehnung durch Wärme und der ungleichen Zusammenziehung durch Kälte, wenn sie bei einer Temperaturerhöhung nach einer Seite hin concav werden, nach derselben Seite bei Temperaturabnahme ihre convexe Seite kehren. Befestigt man senkrecht auf die Pendelstange einen solchen zusammengesetzten Streifen, das weniger sich ausdehnende Metall nach oben, so werden am Ende dieses Querstreifens befindliche Gewichte gehoben werden, wenn die Stange bei steigender Wärme sich verlängert, hingegen gesenkt, wenn sie sich verkürzt, dadurch also die Entfernung des Schwingungspunktes vom Aufhängepunkte unverändert erhalten werden können. Diese Compensation hat den Vorzug, dass sie auf dreierlei Weise regulirt werden kann, nämlich durch Veränderung der Gewichte, durch Verschieben derselben an dem Querstreifen, endlich durch Verschieben des letzteren an der Pendelstange. Die Streifen bestehen aus Stahl und Messing.

Bei allen bisher angeführten Methoden blieb der Aufhängungspunkt des Pendels ungeändert. In den sogenannten festen Compensationen von le Roy und Deparcieux wird dieser hingegen geändert. Gewöhnlich ist das Pendel an einer Stahlfeder aufgehängt, weil nach den übereinstimmenden Erfahrungen der Künstler nur die Federaufhängung geeignet ist, den guten Gang einer Pendeluhr längere Zeit zu erhalten, eine Schneide, wenn man sie nicht von Neuem anschleift, oder die Unterlage polirt, stark zunehmende Unregelmässigkeiten erzeugt[1]). Diese Feder geht durch einen engen Schlitz hindurch, der oben durch ein kleines Querstück begrenzt wird, welches das obere Ende des Pendels bildet. Der Punkt, um welchen das Pen-

---

1) Berthoud fand, dass die Weite der Schwingungen eines auf einer Schneide gehenden Pendels von 10 Grad auf ¼ Grad in 24 Stunden 13 Minuten reducirt wurde; war es hingegen an einer Feder aufgehängt, in 21 Stunden. Ausserdem vermuthet er, dass der Aufhängungspunkt sich nach der mit der Temperatur der Luft ändernden Elasticität der Feder selbst verändre, die Verlängerung oder Verkürzung der Federn durch die Pendelstange aber nicht compensirt werden könne, weil die Luft schneller auf die Feder wirke, als auf die Pendelstange. Auch glaubt er, dass die Federn nicht durch die Kälte um eben so viel verkürzt werden, als sie durch die Wärme verlängert wurden, so dass die Uhr immer langsamer gehe. Dennoch hat die Erfahrung die Vortheile der Federaufhängung ausser Zweifel gesetzt.

del sich dreht, wird durch die untere Oeffnung des Schlitzes bestimmt. Liegt das Querstück am oberen Ende nicht auf der festen Klemme, sondern ist es an einem horizontalen Rahmen befestigt, dessen nach unten gehende Stangen auf einer Querstange stehen, welche, von andern oben befestigten Stangen getragen, durch Temperaturerhöhung sich senkt, durch Wärmeabnahme sich hebt, so sieht man leicht ein, wie, wenn die herab und heraufgehenden Stangen aus verschiedenen Metallen gefertigt sind, die Stahlfeder so regulirt werden kann, dass die Entfernung des Schwingungspunktes vom Aufhängungspunkte dieselbe bleibt. Gegen diese ihrem Principe nach sehr einfache Compensation hat man aber mit Recht eingewendet, dass die Temperatur der Pendelstange und des Rahmens, an welchem sie befestigt ist, bei schnellen Temperaturänderungen nicht dieselbe sein wird. Diess scheint allerdings weniger bei der Einrichtung von Nicholson der Fall zu sein, welcher das obere Ende der Feder, an welcher das Pendel aufgehängt ist, an einer horizontalen aus zwei parallellen ungleich sich ausdehnenden Metallen bestehenden Feder befestigt, welche bei Erhöhung der Temperatur sich convex nach oben, bei Erniedrigung derselben nach unten krümmt, da das stärker sich ausdehnende Metall sich oben befindet.

Ausser der bisher betrachteten directen Einwirkung der Wärme auf die Dauer der Schwingungen durch die Veränderung der Länge des Pendels hat Bessel[1]) noch auf einen indirecten Ein-

1) Schumacher astr. Nachrichten II. 49. No. 28. 1823.

fluss aufmerksam gemacht, nämlich die thermische Veränderung der Dichtigkeit der Luft, in welcher es schwingt, welcher aber nicht genau beseitigt werden kann, so lange unbekannt ist, auf welche Art derselbe von der Figur des Pendels abhängt. Da ausserdem das Oel sich in der Kälte verdichtet, so wird dadurch die Reibung vermehrt, und der Gang der Uhr wegen Verkleinerung der Schwingungsbogen beschleunigt. In wie fern nun durch irgend eine der erwähnten Compensationen der störende Einfluss der Wärmeänderungen beseitigt ist, wird sich aus der Vergleichung des Ganges der Uhr mit der täglichen gleichförmigen Umwälzung des gestirnten Himmels ermitteln lassen. Da diese Prüfung von dem Künstler nie so vollständig gemacht werden kann, als von dem nachherigen Besitzer, insofern nämlich der Einfluss der Jahreszeiten desto entschiedener hervortritt, je länger die Beobachtungsreihe war, so ist es immer bei Compensationen zu empfehlen, dass ein Correctionsmittel vorhanden sei, welches den noch vorhandenen Fehler zu verbessern gestattet, oder dass wenigstens eine Aenderung in den Compensationsstangen ohne erhebliche Schwierigkeit geschehen könne. Kann der Gang der Uhr nicht direct durch astronomische Beobachtungen ermittelt werden, so geschieht diess indirect durch Uebertragen vermittelst eines Chronometer.

Der durch die Compensation des Pendel erreichte Isochronismus der Schwingungen würde aber gestört werden, wenn das Pendel durch das Echappement veränderliche Impulse erhielte. Bei dem in den gewöhnlichen Pendeluhren durch das

Pendel bewegten Anker, welcher auf beiden Seiten in die Zähne des ersten Rades des Uhrwerkes abwechselnd eingreift, geschieht die Wirkung immer nur auf das Ende der Schwingungen; diesen Uebelstand zu beseitigen, vertauschte Graham das sogenannte *recoiling scapement (échappement à recul ou à roue de rencontre)* mit dem *deat bead*, einer Einrichtung, welche mehrfach aber nicht wesentlich modificirt in der Regel bei den astronomischen Pendeluhren angewendet wird [1]). Die Zähne des Grahamschen Ankers sind, um sie vollkommen unverändert zu erhalten, von Saphir, das Echappement wird hingegen vergoldet und läuft wie die übrigen Räder in Steinen.

4. Wenn, wie wir gesehen haben, die Schwierigkeiten, welche die Künstler bei der Construction der Pendeluhren zu überwinden hatten, um die mannigfach dabei eintretenden Störungen zu beseitigen, erheblich waren, so ist diess in noch weit höherem Grade bei den auf Elasticität gegründeten Taschenuhren der Fall, welche Timekeeper oder Chronometer genannt werden, wenn sie den Grad der Genauigkeit erhalten haben, dass sie zu geographischen Längenbestimmungen gebraucht werden können. Sie heissen Boxchronometer, wenn sie mit cardanischer Aufhängung in einem

---

1) Durch das *échappement libre à force constante* suchte man immer genau gleichweite Schwingungen und dadurch Isochronismus hervorzubringen, ohne sehr kleiner Schwingungen zu bedürfen. Man versprach sich von dieser Einrichtung den Vortheil, dass die Erschütterungen des Standortes einen geringen Einfluss auf den Gang der Uhr äussern würden.

grösseren Kästchen befindlich sind, hingegen Taschenchronometer, wenn sie die Grösse einer grösseren Taschenuhr haben und in der Tasche getragen werden können. Temperaturänderungen haben auf den Gang einer solchen Uhr viel grösseren Einfluss als auf den einer Pendeluhr [1]). Kessel liess 2 Chronometer mit undurchschnittenem Balancier, also ohne Compensation für Wärme und Kälte gehen. Für 29° Temperaturänderung veränderte der Eine seinen täglichen Gang um 6′ 7″ und für 27° der Andre um 5′ 16″. Alle diese Ungleichheiten verschwanden, als der Balancier durchschnitten und die Compensationsmassen daran regulirt wurden. Da also für einen Grad der tägliche Gang eines Chronometers ohngefähr um 12 Secunden sich ändert, so konnte an geographische Längenbestimmung durch auf Elasticität gegründete Uhren nicht eher gedacht werden, als bis Harrison die Compensation durch aus verschiedenen neben einanderliegenden Metallen bestehende Federn erfand. Diese thermischen Federn sind entweder aus Stahl und Messing, oder aus Platina und Silber. Da nämlich, wenn die Spiralfeder sich verkürzt, die Anzahl der Schwingungen der Unruhe in einer gegebenen Zeit wächst, hingegen bei Verlängerung der Spiralfeder zunimmt, so be-

1) Uncompensirte Chronometer sind daher als Thermometer zur Bestimmung mittlerer Temperaturen anwendbarer als uncompensirte Pendel. Um die letzteren für Temperaturänderungen empfindlicher zu machen, hat man vorgeschlagen, sie rostförmig zu construiren und zwar so, dass das stärker sich ausdehnende Metall die Stelle des minder sich ausdehnenden bei den compensirten einnimmt.

wirkte Harrison eine bei zunehmender Wärme durch diese Feder entstehende Verkürzung der Spirale. Emery hingegen erhält die Compensation durch Veränderung des Trägheitsmoments der Unruhe, indem an derselben befindliche Gewichte dem Centrum näher gerückt werden, wenn eine Temperaturerhöhung durch Verlängerung der Feder die Kraft derselben vermindert. Diese letztere Art ist die jetzt allgemein angewendete.

Die Auslösung verbesserte zuerst Graham durch Angabe des *cylinder* oder *horizontal scapement*, welchem dasselbe Princip zum Grunde liegt, als seinem früher für Pendel angeführten Echappement. Es ist vielfach modificirt worden. Das häufig angewendete von le Roy erfundene *échappement à virgule* wurde 1753 von Lepaute verbessert und hat in dieser Form Aehnlichkeit mit der von Cumming für Pendel angegebenen Auslösung, ist aber ebenfalls schwierig in der Ausführung. Die unter dem Namen *Duplex Scapement* bekannte Auslösung ist hingegen der von Dutertre für Pendel analog. Wesentlich verschieden aber sowohl von den alten Echappements *à recul* als von denen *à repos* ist das *échappement libre (detached scapement)*, dessen Erfinder le Roy im Jahre 1748 war. Von Mudge und Earnshaw verbessert, ist es jetzt das fast allein übliche geworden.

Die einzelnen Chronometer werden durch eine Nummer und den Namen des Künstlers unterschieden. Die bekanntesten derselben sind: Howell, Arnold, Earnschaw, Brockbank, Margetts, Barraud, Hatton, Morris, Parkinson, Baird, Pennington, Emery, Francis, Webster, Cabe und Strachan, Breguet in Paris, Jürgensen in Copenhagen, Kessels in Altona, Tiede in Berlin, Gutkäs in Dresden.

Obgleich man Uhren so eingerichtet hat, dass sie ihren Gang der Ungleichheit der wahren Sonnentage gemäss änderten, ja sogar mittlere und wahre Zeit zugleich angaben, so ist man doch bald davon zurückgekommen, da es nicht möglich ist, die erforderliche Genauigkeit der Zeitbestimmung durch solche Instrumente zu erhalten. Astronomische Pendeluhren gehen in der Regel nach Sternzeit, Chronometer hingegen nach mittlerer Zeit, doch lässt man auch einige nach Sternzeit gehen, um durch einen diese zeigenden andere scharf mit einander zu vergleichen. Bei allen Chronometern sucht man starke Erschütterungen so viel wie möglich zu vermeiden, obgleich die neuesten Taschenchronometer bester Qualität selbst während des Fahrens ihren Gang gleichmässig erhalten, welchen hingegen Boxchronometer dann ändern, aber, wenn sie in Ruhe kommen, wieder annehmen. Boxchronometer sind nicht für vertikale Lage regulirt, müssen also auch nicht in diese gebracht werden. In Ruhe gehen sie in der Regel besser als Taschenchronometer. Diese werden dann ebenfalls horizontal hingestellt, und sind desswegen in einem besondern Kästchen verwahrt. Sehr grosse Temperaturänderungen, welche bei einigen durch ein besondres Metallthermometer angegeben werden, sucht man ebenfalls so viel als möglich zu vermeiden. Die Chronometer gehen zwar wenigstens 36 Stunden, werden aber alle 24 Stunden zu derselben Zeit aufgezogen, astronomische Pendeluhren hingegen wöchentlich einmal oder in noch längeren Zeitintervallen. Reines Eleanin ohne eine Spur von Stearin soll das beste Oel für Pendeluhren sein. Pendeluhren schlagen in der Regel ganze Secunden, Boxchronometer halbe, Taschenchronometer machen hingegen in der Regel 5 Schläge in 2 Secunden.

Bei Pendeluhren wird der Secundenzeiger von der Achse des Steigrades, der Minutenzeiger von der Achse des Stundenrades getragen. Statt die Secunden durch einen mit dem Minutenzeiger concentrischen Zeiger anzugeben, lässt man häufig an dem festen Stundenzeiger eine runde Scheibe drehen, deren Ziffern nach einander durch eine Oeffnung des Zifferblattes sichtbar werden. Bei Taschenuhren sind häufig mehrere Zifferblätter theils auf einer Oberfläche, theils auf beiden vertheilt. Wesentliche Eigenschaften eines Chronometers sind: dass die Schläge deutlich gehört werden, und der Zeiger von einem Schlage zum andern gleichmässig springt. Es versteht sich von selbst, dass, wenn man eine längere Zeitdauer zu messen hat, man nicht fortwährend zählt. Bequem ist, wenn man von dem zu bestimmenden Zeitmoment erst zu zählen anfängt und fortzählt, bis der Zeiger über einem bestimmten Punkte des Zifferblattes steht. Breguet hat Chronometer verfertigt, die sich selbst aufschreiben. Er nennt sie *Compteurs à pointage* [1]). Durch einen leisen Schlag auf die Uhr macht der Zeiger auf das Zifferblatt einen

1) Bei den Centrifugalpendeluhren von Pfaffius arretirt ein leiser Druck auf einen Stift den Zeiger, ohne den Gang der Uhr zu unterbrechen. Sie zeigen Tertien.

Punkt, und springt dann weiter. Während Chronometer sonst nur angewendet wurden, durch Uebertragen der Zeit von einem Orte zum andern den Längenunterschied derselben zu ermitteln, und diese Anwendung unstreitig auch jetzt noch die wichtigste ist, da bei einer hinlänglichen Anzahl Chronometer die auf diese Weise gewonnene Bestimmung sehr sicher zu sein scheint, so sind sie doch auch für den beobachtenden Physiker unentbehrliche Instrumente geworden, in so fern nämlich die Beantwortung einer Menge physikalischer Fragen an eine genaue Zeitbestimmung geknüpft ist. Früher wandte man Tertienuhren an, welche man loslassen und anhalten konnte. Da aber hier ein doppeltes Besinnen nöthig ist, das, eine Erscheinung wahrgenommen zu haben, und das, die Uhr loszulassen oder anzuhalten, so ist man von dieser Art des Beobachtens zurückgekommen, weil, obgleich Uebung die Grösse des möglichen Fehlers bedeutend verkleinert, doch die gefundene Genauigkeit nur eine scheinbare ist. Ausser durch Uhren kann man auch indirecte Zeitmessungen auf andern Wegen erhalten. Es ist für die Technik z. B. wichtig, bei Maschinen die Anzahl der Umläufe der Achsen in einer bestimmten Zeit zu bestimmen. Lässt man durch die Achse, deren Umläufe bestimmt werden sollen, ein gezähntes Rad drehen, an dessen Zähne ein elastischer Körper federnd anschlägt, so entsteht ein Ton von bestimmter Höhe, aus welcher, da die Anzahl der Zähne bekannt ist, unmittelbar die Geschwindigkeit der Umdrehung sich ergiebt. Das Höher- und Tieferwerden des Tons würde in diesem Falle auf die Ungleichförmigkeit des Ganges der Maschine aufmerksam machen. Ein andres sich leicht darbietendes Verfahren ist durch die sich drehende Achse von einer leicht drehbaren Rolle einen Faden abzuwickeln. Die Anzahl der Umläufe in einer bestimmten Zeit ist die Länge des während derselben abgewickelten Fadens, dividirt durch den Umfang der Achse.

Bei physikalischen Untersuchungen, wo es nur auf das Verhältniss verschiedener Zeiträume zu einander, nicht aber auf die absolute Dauer derselben ankommt, kann man in Ermangelung einer genauen Uhr die Schwingungen eines durch ein Gewicht gespannten Fadens von beliebiger Länge zählen, oder die horizontalen Schwingungen einer Nadel, welche an dem untern Ende eines an seinem obern Ende eingeklemmten, lothrecht herabhängenden, unten frei sich drehenden Metallfadens rechtwinklig befestigt ist. Auch lassen sich hierzu die den Longitudinalschwingungen ähnlichen Schwingungen schraubenförmig gewundener Messingfedern anwenden, wenn sie durch ein Gewicht lothrecht gespannt sind. Soll aber die Schwingungszeit eines Pendels selbst genau gemessen werden, so geschieht diess vermittelst Coincidenzen durch das Auge, ein Verfahren, welches sich ebenso auf die horizontalen Torsionsschwingungen als die lothrechten longitudinalen anwenden lässt. Es ist nämlich klar, dass, wenn man durch ein Loch in dem vordern zweier lothrecht herabhängender Pendel ein Stück des zweiten eine bestimmte Stelle einer hinter demselben befindlichen Wand verdecken sieht, bei der Bewegung der Pendel, deren Schwingungszeit verschieden ist, jenes Verdecken in bestimmten Zeiten nur einmal eintreten wird, wenn nämlich beide Pendel zugleich durch die Lothlinie hindurchgehen. Da das Intervall zwischen 2 Coincidenzen auf diese Weise durch die Schwingungen beider Pendel also zweimal getheilt wird, wie früher für das Gehör durch die Schläge, so ist klar, dass daraus unmittelbar eine Relation erhalten wird, zwischen den unbekannten Schwingungen des einen, und den bekannten des andern. Um aber die aus Ellicot's Versuchen hervorgehende gegenseitige Einwirkung zweier einander nahen Pendel zu vermeiden [1]), haben Carlini und Bessel die ungleiche Deutlichkeit der von einander deswegen entfernten dadurch gehoben, dass sie vermittelst des zwischengestellten Objectivs eines Fernrohrs

1) Da man bemerkt hat, dass der Gang der Uhr eine Störung leidet, wenn das Uhrgewicht der Linse gegenüber zu stehen kommt, so führt man die Schnur, an welcher das Uhrgewicht herabhängt, über Rollen an die hintere Seite des Pfeilers, an welchem die Uhr befestigt ist. Den gegenseitigen Einfluss zweier Uhren aufeinander hat Breguet benutzt, um bei den *chronomètres doubles* mit 2 von einander unabhängigen Bewegungen, welche aber ohne mechanisches Eingreifen physisch auf einander wirken, ihre kleinen Anomalien auf die Hälfte zu reduciren. *Une pièce de ce genre,* heisst es in dem darüber abgestellten *rapport, a été soumise à de fortes épreuves, et même à celle du vide par le Bureau des Longitudes, sans que les deux aiguilles de secondes aient cessé de battre ensemble la même fraction de seconde.* In den *grands régulateurs doubles* von Breguet geben die ohne mechanischen Zusammenhang bei den Schwingungen einander stets kreuzenden Pendel einen weit regelmässigeren Gang, auf welchem die Erschütterungen des Standortes einen viel geringern Einfluss äussern.

das Bild des entfernteren auf die Oeffnung des ersten fallen liessen. Das Coincidenzverfahren selbst ist eine Erfindung Borda's [1]).

Es ist nicht ohne Interesse, wenn man sich die zahlreichen Schwierigkeiten vergegenwärtigt, welche einer genauen Zeitmessung entgegenstehen, zu fragen, welche Gleichförmigkeit des Ganges der Pendel- und Taschenuhren die Künstler bis jetzt zu erreichen vermochten. Eine von Breguet verfertigte Pendeluhr auf der Altonaer Sternwarte gab als grösste Abweichung von dem täglichen Gange wenn + ein Nachbleiben, — ein Voreilen bedeutet:

			Unt.
1823	+ 0″.19	— 0″.39	0″.58
1824	+ 0″.34	— 0″.39	0″.73
1825	+ 0″.45	— 0″.43	0″.88
1826	+ 0″.33	— 0″.63	0″.96
1827	+ 0″.36	— 0″.57	0″.93

also in 5 Jahren nur eine Abweichung von 1 Secunde im täglichen Gange. Da aber die positiven Zeichen regelmässig im Sommer überwiegend hervortreten, so wie die grösseren negativen im Winter, so überzeugt man sich, dass die Uhr nicht vollkommen für Wärme compensirt war. Daher sagt Schumacher mit Recht: *Quelle perfection ne doit on pas supposer à un pendule, qui pendant 5 années de suite, au milieu de tant de causes accidentelles d'erreur, indique constamment une correction de la compensation, qui ne s'elève dans les extrèmes qu'à une fraction de seconde?* Auffallender vielleicht ist es noch, dass man jetzt Chrono-

1) Base *du syst. metr*, 3. 343.

meter besitzt, welche durch ein ganzes Jahr ihren Gang nicht um eine Secunde ändern, und doch wird vielleicht Pouillets Aeusserung einst widerlegt, welcher indem er diess anführt, bemerkt: *c'est là, sans doute, le plus haut degré de perfection que l'art puisse donner à la matière dans des appareils si délicats et si compliqués.*

2. Messen des Raumes.

A. Längenmessung. Jede Vorrichtung kleinere Distanzen zu messen, nennt man Mikrometer, Instrumente hingegen, welche dazu dienen, grössere Distanzen genau zu messen: Comparateure.

Da das Auge den Abstand zweier Punkte von einander in grösserer Entfernung kleiner sieht als in geringerer, so wird man zwischen 2 Punkten desto mehr einzelne Punkte unterscheiden können, je näher man sie dem Auge bringt. Man bedient sich daher zu genauen Messungen der Mikroskope und Fernröhre, optischer Vorrichtungen, um Gegenstände oder die Bilder derselben, auch dem Auge sehr nahe gehalten, deutlich zu sehen.

Jede Messung der Entfernung zweier Punkte muss nothwendig von der Bestimmung der Lage dieser Punkte ausgehen. Diese Bestimmung geschieht vermittelst des Auges durch das Verdecken zweier Gegenstände durch einander, denn da das Auge geradlinig sieht, so wird für eine bestimmte Stellung des Auges und die bekannte Lage des Maafsstabes der verdeckte Punkt desselben die Richtung bestimmen, nach welcher jener gesehen wird.

Sind für zwei Punkte die Sehelinien einander, und der Maafsstab der jene Punkte verbindenden graden Linie parallel, so wird die Projection ihrer Entfernung auf den Maafsstab dieser gleich sein. Die zweite Bedingung erfüllt man, wenn nicht die zu messende Länge schon unmittelbar mit dem Maafsstabe verbunden ist, dadurch, dass man sie auf ihn legt. Hierzu kann das Uebertragen durch die Spitzen eines Winkel- oder Stangenzirkels gerechnet werden, da sie zuerst auf den Gegenstand, dann auf den Maafsstab gelegt werden. Das directe Darauflegen des zu messenden Gegenstandes auf den Maafsstab wird hingegen vorzugsweise bei Mikroskopen angewendet, wo man ein Glasgitter mit dem darauf liegenden Object in gleichem Maasse vergrössert betrachtet. Diese bequeme Art der Messung ist aber bei starken Vergrösserungen, besonders von Objecten, die in einer Flüssigkeit erhalten werden müssen, weniger anzuwenden, weil man, da das Object und der Maafsstab nicht in einer Ebene sich befinden, beide nicht zugleich deutlich sieht. Dieser Uebelstand wird vermieden, wenn man, statt das Object auf den Maafsstab zu legen, nur sein Bild darauf projicirt. Kennen wir nun die Relation der Grösse des Bildes zu der Grösse des Objects, so lässt sich indirect diese letztere bestimmen. Um aber die Art, wie solche Bestimmungen gewonnen werden, anschaulich zu machen, wird es nöthig sein, etwas näher darauf einzugehen, wie der Maafsstab gestellt und eingerichtet sein muss, damit das auf ihn projicirte Bild eines Gegenstandes deutlich gesehen und genau gemessen werde.

Das Auge sieht deutlich, wenn Strahlen welche von einem Punkte ausgehen, auf der Netzhaut genau wieder in einem vereinigt werden. Diess geschieht für ein gesundes Auge dann, wenn die Entfernung des Gegenstandes etwa 8 Zoll beträgt, eine Entfernung, welche daher die des deutlichen Sehens genannt wird. Ist der leuchtende Punkt, d. h. die Spitze des auffallenden Strahlenkegels näher dem Auge, so wird die Spitze des Kegels der im Auge gebrochenen Strahlen hinter die Netzhaut fallen, dieser Kegel selbst also von der Netzhaut in einem Kreise durchschnitten werden, denn die Krystallinse im Auge verhält sich wie jede andre Convexlinse, das Bild des leuchtenden Punktes entfernt sich von ihr, wenn der leuchtende Punkt selbst der Linse sich nähert. Zerlegen wir eine leuchtende Fläche in Gedanken in einzelne Punkte, deren jeden wir als Spitze eines Strahlenkegels ansehen, so werden die auf der Netzhaut bei zu grosser Nähe des Gegenstandes entstehenden Kreise einander theilweise übergreifend ein undeutliches Bild auf der Netzhaut, in uns also das Bewusstsein dieses undeutlichen Bildes hervorrufen, d. h. wir werden den Gegenstand undeutlich sehen. Um nun einen dem Auge nahe gehaltenen Gegenstand deutlich zu sehen, müssen die von einem Punkte aus ausgehenden Strahlen so auf das Auge fallen, als wenn sie aus einer Entfernung von 8 Zoll herkämen. Stellen wir den Gegenstand in den Brennpunkt einer Linse d. h. in den Punkt, in welchen Strahlen sich vereinigen, welche vor der Brechung einander parallel waren, so werden die Strahlen einander parallel austreten, weil alle optischen Erscheinungen reciprok sind, d. h. jede optische Construction dieselbe bleibt, wenn man den leuchtenden Punkt mit dem beleuchteten vertauscht. Steht hingegen der leuchtende Punkt innerhalb der Brennweite, so treten die Strahlen divergirend aus, man kann daher dem Punkte eine solche Entfernung von der Linse geben, dass sie so aus ihr austreten, als wenn sie unmittelbar aus der Entfernung des deutlichen Sehens auf das Auge auffielen. Wir sehen dann also den Gegenstand deutlich und zwar so, als wenn das Auge an der Stelle der Linse stände, daher so viel mal grösser als die Entfernung des Gegenstandes von der Linse in der Weite des deutlichen Sehens enthalten ist. Da aber bei Linsen von kurzer Brennweite jene Entfernung sehr nahe gleich der Brennweite der Linse ist, oder mit andern Worten, da man sehr nahe annehmen kann, dass, die von einem Punkte ausgehenden auf unser Auge fallenden Strahlen parallel sein müssen, um auf der Netzhaut wieder in einen Punkt vereinigt zu werden, so ist die Vergrösserung einer Linse gleich der Weite des deutlichen Sehens dividirt durch die Brennweite der Linse.

Loupe nennt man eine grössere einfache oder die Wirkung einer einfachen leistende zusammengesetzte Linse von $\frac{1}{2}$ bis 2 Zoll Durchmesser und mehr als ein Zoll Brennweite also höchstens 6 bis 8maliger Vergrösserung; kleinere Linsen mit stärkerer Vergrösserung heissen einfache Mikroskope. Zusammengesetzte Mikroskope sind hingegen Vorrichtungen, bei welchen das Bild eines nahen Gegenstandes durch ein Vergrösserungsglas betrachtet wird, während bei Fernröhren dasselbe mit dem Bilde eines entfernten Gegenstandes geschieht.

Die aus einer Convexlinse bestehenden Loupen sind in der Regel gleichseitig d. h. ihre beiden Oberflächen sind Theile derselben Kugel, damit sie mit gleicher Wirkung auf beiden Seiten gebraucht werden können. Macht man sie planconvex oder verhalten sich die Radien wie 1 : 6, so muss stets die convexere Seite dem Gegenstande zugekehrt werden. Häufig fasst man 2 Linsen von verschiedener Brennweite in eine Einfassung, die wie eine Lorgnette zusammengelegt werden kann; man erhält dadurch drei verschiedene Vergrösserungen, die dritte durch Combination beider Linsen, welche man aber durch ein in der Mitte durchbohrtes Plättchen trennt, um die Randstrahlen zu vermeiden. Die aplanatischen Loupen von Plössl entweder von drei bis viermaliger Linearvergrösserung, 1 bis 2 Zoll im Durchmesser aus 2 chromatischen Linsen bestehend, oder zum Auseinanderschieben als Doppelloupe von 6 bis 9maliger Vergrösserung, $\frac{1}{2}$ bis 1 Zoll im Durchmesser, übertreffen an gleichförmiger Deutlichkeit alles bisher in dieser Beziehung geleistete.

Einfache und zusammengesetzte Mikroskope müssen da angewendet werden, wo die durch Loupen zu erhaltende Vergrösserung nicht ausreicht. Einfache Mikroskope geben in Beziehung auf Deutlichkeit der kleinsten Theilchen vorzugsweise scharfe Bilder, sie werden daher wohl nie aus der Hand des beobachtenden Naturforschers verschwinden. Wo es aber auf Messen ankommt, hat das zusammengesetzte Mikroskop vor dem einfachen den wesentlichen Vorzug, dass es bei gleichstarker Vergrösserung den Gegenstand in weit grössererer Entfernung von der Objectivlinse zu halten gestattet, als diess bei dem einfachen Mikroskop möglich ist, ausserdem hier wie bei dem Fernrohr mikrometrische Vorrichtungen angebracht werden können, welche da fortfallen, wo kein wirkliches Bild durch das optische Instrument hervorgebracht wird.

Bei dem Fernrohr nämlich, wo statt eines Gegenstandes das durch das Objectiv entstandene Bild durch ein Vergrösserungsglas, das Ocular betrachtet wird, kann dieses Bild zugleich mit der seine Dimensionen bestimmenden Vorrichtung deutlich gesehen werden, wenn beide sich in der Brennweite des Oculars befinden, weil die aus dieser auf das Ocular auffallenden Strahlen so aus demselben austreten, dass sie auf der Netzhaut eines weitsichtigen Auges sich vereinigen. Da aber das Bild eines entfernten Gegenstandes im Brennpunkt der Objectivlinse entsteht, so ist klar, dass der Ort der mikrometrischen Vorrichtung der gemeinschaftliche Brennpunkt des um die Summe ihrer Brennweiten entfernten Objectivs und Oculars sein wird. Diesen für die messenden Wissenschaften so wichtigen Gedanken verdanken wir dem in der Schlacht bei Marston Moor gefallenen G a s c o i g n e, welcher zuerst im Jahre 1640 Fäden in den an Quadranten und Sextanten befindlichen Fernröhren anbrachte, die er bereits für Nachtbeobachtungen durch künstliches Licht erleuchtete. Ganz dasselbe gilt natürlich für die Bilder, welche durch Spiegelung entstehen, also für Spiegelteleskope, findet aber bei dem holländischen Fernrohr keine Anwendung, weil in demselben durch das concave Ocular die Strahlen früher aufgefangen werden, als sie sich im Brennpunkte des Objectives zu einem Bilde vereinigen. Da hingegen ein zusammengesetztes Mikroskop als ein Fernrohr angesehen werden kann, vor dessen Objectiv man eine Linse gestellt hat, in deren Brennpunkt der zu untersuchende Gegenstand sich befindet, den man eben desswegen durch das Fernrohr so deutlich wie einen entfernten sieht, so kann das früher von dem Fernrohr Gesagte unmittelbar auf das zusammengesetzte Mikroskop angewendet werden.

Die Bestimmung eines Punktes in der Ebene des Bildes geschieht am einfachsten durch den Durchschnitt zweier Graden. Da diese aber keine mathematischen Linien sein können, so wird man sich desto feinerer Fäden bedienen, je bedeutender die Vergrösserung ist, unter welcher das Fadenkreuz nebst dem durch das Objectiv entstandenen Bilde beobachtet wird.

Bei den schwächeren Vergrösserungen älterer Fernröhre wählte man zu den Fäden den feinsten Silberdrath, welchen man in Frankreich so fein zu bereiten wusste, dass seine Dicke nur $\frac{1}{1000}$ Zoll betrug, da der feinste, welchen man in England bereitet, $\frac{}{60}$ Zoll dick ist. Das erste Gitter von Silberdrath wurde im Jahre 1662 von dem Marchese Malvasia[1]) angewendet, hingegen bestand das Gitter von Dechales[2]) aus Pferdehaaren.

---

1) *Epemerid. Modena* 1662.
2) *Dioptrica l. 2. prop.* 59.

Auzout[1]) und Picard[2]) wendeten seidne Fäden und Haare an. Wegen ihrer grossen Elasticität, Undurchsichtigkeit und Feinheit empfahl Fontana[3]) Spinnefäden, von welchen er einige $\frac{1}{8000}$ Linie dick gefunden zu haben angiebt, doch ward ihr Gebrauch erst durch Edward Troughton eingeführt, welcher zugleich bemerkte, dass nur die langen Fäden, an welchen das Netz hängt, undurchsichtig sind und daher für mikrometrische Vorrichtungen allein brauchbar. Die feinsten Fäden gewinnt man dadurch, dass man gegen den an seinen Enden festgehaltenen Faden blässt, wodurch er sich in eine Menge feinerer auflösst, aus denen die Spinne ihn nach Réaumurs Beobachtungen zusammengefügt hat. Um sich zu überzeugen, ob der aufgezogene Faden gut gespannt ist, räth Bessel[4]), ihn nach der Befestigung zu behauchen, um gewahr zu werden, ob er selbst im feuchten Zustande hinreichend gespannt bleibt. Wegen dieser hygroskopischen Verlängerung der Spinnefäden hat man aus nicht hygroskopischen Substanzen Fäden gleicher Feinheit sich zu verschaffen gesucht. Vorzüglich brauchbar sind Wollastons[5]) Platinafäden, welche bei hinreichender Tenacität doch nur eine Dicke von $\frac{1}{18000}$ Zoll haben, wenn ihre

---

1) *du micromètre in Ouvrages de mathematique de Mr. Picard à la Haye* 1731.

2) *Mémoires de Paris* 1717. *p.* 72.

3) *Saggio del real gabinetto di fisica e di storia naturale de Firenze. Rom* 1775.

4) neuer Gehler F. 189.

5) *a method of drawing extremly fine wires. Phil. Trans.* 1813. 114.

silberne Umhüllung durch Salpetersäure fortgeschafft ist. Nur muss, da nur ein Faden von $\frac{1}{8000}$ Zoll Dicke mit blossem Auge sichtbar ist, an ihren Enden etwas Silber gelassen werden, um sie bei dem Aufziehen anfassen zu können. Brewster[1]) schlägt Glasfäden vor, welche bei einer Dicke von $\frac{1}{1200}$ Zoll scharf begrenzt mit einer feinen Lichtlinie in der Mitte erscheinen, auch Fäden von Siegellack, Goring hingegen von Cautchouc, dessen Bereitung dazu er angiebt[2]).

Soll durch das Fernrohr oder Mikroskop bei unveränderter Lage desselben eine Richtung genau bestimmt werden, so muss das Fadenkreuz fest sein. In diesem Falle sind die einander schneidenden Fäden zwei in der Regel senkrechte Durchmesser des Gesichtsfeldes, ihr Durchschnittspunkt also der Mittelpunkt desselben. Da nun Strahlen, welche sich nach der Brechung durch das Objectiv in einem Punkte der Achse schneiden, von einem Punkte der Achse ausgegangen sind, so ist klar, dass wenn der Durchschnittspunkt des Fadenkreuzes irgend einen Punkt des Bildes eines Gegenstandes verdeckt, der Punkt des Gegenstandes selbst, welcher diess Bild hervorgebracht hat, in der Achse des Fernrohrs liegen muss, ein mit einem Fadenkreuz versehenes Fernrohr mit Recht also als teleskopische Diopter benutzt werden kann, wie diess zuerst von Picard im Jahr 1669 geschah.

Was von der Bestimmung des Mittelpunktes

---

1) *Philosophical Instruments* p. 77.

2) *Quaterly Journal of Science, Literature and Arts. New Series* 1. p. 81.

des Gesichtsfeldes gesagt ist, lässt sich auf andre Punkte desselben ausdehnen. Bei astronomischen Fernröhren sind in der Regel 5 parallelle Fäden durch einen der täglichen Bewegung parallel gestellten darauf senkrechten durchschnitten. Sind die Winkelabstände derselben bekannt, so wird das Antreten eines Sternes an jeden derselben eine Bestimmung für die Zeit geben, in welcher derselbe sich in der Sehelinie des Fernrohrs befindet und diese vervielfältigte Bestimmung grössere Sicherheit geben, als die einzelne Beobachtung. Mit der Anzahl der einander schneidenden Linien wächst aber die Schwierigkeit des Aufziehens der Fäden. Man hat daher statt eines Fadennetzes Glasgitter angewendet, welche in Mikroskopen aus parallellen graden Linien bestehen, in Fernröhren hingegen auch aus concentrischen Ringen. Die aus parallellen Graden bestehenden sind, wenn sie aus zwei Systemen Paralleller bestehen, entweder quadratisch oder rautenförmig. Letztere hat man vorzugsweise in Fernröhren, erstere in Mikroskopen angewendet. Soll das Gitter in einem Fernrohr angebracht werden, mit welchem lichtschwache Gegenstände beobachtet werden sollen, so müssen die Striche im dunkeln Gesichtsfelde erleuchtet werden. Dazu sind direct durch den Diamant in Glas geritzte Gitter nicht anwendbar, weil durch die Beleuchtung immer nur einzelne Segmente der Kreise erhellt werden. Desswegen hat Frauenhofer[1]) bei seinem Kreismi-

1) Beschreibung eines neuen Mikrometers. Schumacher astronom. Nachr. 2. 364.

krometer die Linien durch flufssaure Dämpfe in das Glas geätzt, welches vorher mit einer sehr dünnen Schicht eines Aetzgrundes belegt war, in welchen die Linien mit einer Stahlspitze radirt wurden. Das Glas muss hierbei, damit die Flusssäure gleichmässig ätzt, sehr homogen sein.

Dieselbe Bestimmung, welche wir durch viele einander parallele feste Linien erhalten, kann auch durch 2 bewegliche erreicht werden, welche mit sich parallel im Gesichtsfeld durch eine Schraube bewegt werden, selbst durch einen Faden, wenn derselbe so fortbewegt wird, dass er nach einander durch die beiden Punkte geführt wird, deren auf die Richtung des Fadens senkrechten Abstand wir bestimmen wollen. Die mit 2 beweglichen Fäden versehenen Mikrometer werden vorzugsweise angewendet, wo es darauf ankommt, die scheinbare Grösse eines kreisrunden Körpers zu bestimmen. Die hierbei stattfindenden Fehlerquellen, nämlich: die Schwierigkeit den Nullpunkt der Skale d. h. den Moment des Zusammenfallens beider Striche zu finden, die Abweichung der Striche von der vorausgesetzten Parallellität, die Kleinheit der Skale, vorzugsweise aber Ungleichheiten in den Gängen der die Fäden fortführenden Schrauben, sind durch die Sorgfalt, welche ausgezeichnete Künstler auf die Construction solcher mikrometrischer Vorrichtungen verwendet haben, grösstentheils beseitigt worden, haben aber doch noch es wünschenswerth gemacht, auf andrem Wege kleine Winkel scharf zu messen.

Um verschiedene Abstände durch 2 feste Linien zu messen, bediente sich Huyghens[1]) scharf zugeschnittener Messingplättchen mit zusammenlaufenden Seiten, welche er durch Einschnitte in das Fernrohr schob, und beobachtete, an welcher Stelle sie gerade den zu beobachtenden Gegenstand genau verdeckten, analog der Messung der Entfernung zweier Punkte durch einen zwischen sie eingedrückten Keil. Neuerdings hat Brewster[2]) das dem wahrscheinlich von Römer im Jahre 1676 erfundenen Mikrometer mit beweglichen Fäden zum Grunde liegende Princip in entgegengesetzter Weise angewendet, indem er das entstehende Bild des Gegenstandes durch optische Hülfsmittel so lange verändert, bis es den Zwischenraum der festen Fäden grade ausfüllt. Statt die Grösse des Bildes zu verändern, kam Bouguer[3]) im Jahre 1748 auf den glücklichen Gedanken, das Bild zu verdoppeln und ward so der Erfinder[4]) des Heliometer, welches von Dollond[5]) verbessert wurde und durch Frauenhofer[6]) den Grad grösster Vollendung erhalten hat[7]), durch welchen es alle übri-

1) *Systema Saturnium* 1659. 4.

2) *a Treatise on new philosophical Instruments. Edinburgh* 1813. *p.* 11.

3) *Horrebow Basis astronomiae c.* 13.

4) *Mémoires de Paris.* 1711. 8. *p.* 11.

6) Einen ähnlichen Gedanken hatte bereits im Jahr 1743 Savery. *Phil. Trans.* 1753. *p.* 26.

5) *Philosoph. Trans.* 1753. 167.

6) Hansen ausführliche Methode mit dem Frauenhoferschen Heliometer Beobachtungen anzustellen. Gotha 1827.

7) Bessel vorläufige Nachricht von einem auf der Königsberger Sternwarte befindlichen grossen Heliometer. Schumacher astron. Nachr. VIII. 397.

gen mikrometrischen Vorrichtungen weit übertrifft.

Denken wir uns auf den Spitzen der Schenkel eines gewöhnlichen Winkelzirkels zwei genau gleiche Scheiben befestigt, so wird wenn diese einander mit ihren Rändern berühren, der durch die Oeffnung der Schenkel angegebene Winkel gleich sein dem scheinbaren Durchmesser jeder der Scheiben, weil die Radien zweier gleichen Kreise zusammen gleich sind dem Durchmesser des einen derselben. Substituiren wir für die Schenkel des Winkels die Achsen zweier Fernröhre, für die gleichen Scheiben die durch ihre gleichen Objective entstehenden Bilder eines kreisrunden Gegenstandes, für den Scheitel des Zirkels das gemeinschaftliche Ocular beider Fernröhre, so erhalten wir einen dioptrischen Winkelzirkel: das Heliometer.

Statt zwei gleiche Objective anzuwenden, wie Bouguer vorgeschlagen hatte, schnitt Dollond ein Objectiv in zwei gleiche Hälften, welche er parallel der Trennungslinie durch Schrauben bewegte, eine Vorrichtung, welche von ihm den Namen *divided object glass micrometer* erhielt. Bei dem Zusammenfallen der Mittelpunkte beider Hälften wird, weil die durch beide gebrochenen von einem Punkte ausgehenden Strahlen sich wieder in einem Punkte vereinigen, nur ein Bild entstehen, welches sich aber sogleich in ein doppeltes theilen wird, sobald die Mittelpunkte sich von einander entfernen. Die Bilder werden einander zu übergreifen aufhören, wenn die Brennpunkte beider Hälften sich um den Durchmesser des zu messenden Bildes von einander entfernt haben. Die an den Schrauben abgelesene Bewegung der Objectivhälften bestimmt also die Grösse des betrachteten Bildes.

Die Vortheile einer auf dem Princip der Verdoppelung beruhenden mikrometrischen Vorrichtung fallen in die Augen. Sie bedarf keiner Beleuchtung, sie ist auf bewegte Gegenstände so gut anwendbar als auf ruhende, selbst auf Instrumente, wo kein wirkliches optisches Bild zu Stande kommt [1]), endlich gestattet sie bei grösseren Winkeln noch deutliche Messung, wo ein Filarmikrometer an der Grenze des Gesichtsfeldes nur eine undeutliche zulässt. Man hat daher noch auf andere Mittel gedacht, diese Verdoppelung hervorzubringen. Bei den *coming up glasses* [2]) von Ramsden ist eins der Oculare durchschnitten, hingegen erhielt G. Dollond die Verdoppelung durch ein Ocular von Bergkrystall [3]), in den *micromètre à double image* von Rochon [4]) wird

1) So viel mir bekannt ist, hat zuerst Bessel das Heliometer als holländisches Fernrohr angewendet.

2) Es hat für die Seefahrer grosses Interesse, zu wissen, ob ein am Horizont sichtbares Schiff sich nähert oder entfernt. Fernröhre, welche diese Frage beantworten, heissen *coming up glasses.* Verdoppelnde Fernröhre sind dazu vorzugsweise geschickt. Da die scheinbare Grösse eines Gegenstandes, also auch seines Bildes zunimmt, je näher er kommt, so wird, wenn die zum Berühren eingestellten Bilder des Schiffes anfangen in einander zu greifen, dasselbe sich nähern, wenn sie von einander weichen, es sich entfernen.

3) *an account of a micrometer made of Rock Crystal. Phil. Trans.* 1821. 101.

4) *receuil de mémoires sur la mécanique et la physique. Paris*

ein aus zwei Prismen zusammengesetztes Prisma von Bergkrystal längs der Achse eines Fernrohrs zwischen dem Objectiv und dem Brennpunkt desselben bewegt, bis die durch die Doppelbrechung entstandenen Bilder zur Berührung gebracht sind, bei den *double image telescopes* von Brewster[1]) endlich auf ähnliche Weise ein aus 2 kleinen einander berührenden Objectiven bestehenden Vorrichtung ebenso bewegt.

Es fragt sich nun, wie wir die bisher betrachteten mikrometrischen Vorrichtungen in Mikroskopen und Fernröhren anwenden, um aus den Bestimmungen des Bildes die wirkliche Grösse des betrachteten Objects zu erhalten. Zunächst wollen wir die Messungen betrachten, wo wir nur eine in dem Instrument durch einen Faden oder ein Fadenkreuz bestimmte Sehelinie benutzen, und dann zu denen übergehen, wo mehrere Punkte im Gesichtsfelde zugleich bestimmt werden.

Den parallaktischen Fehler, d. h. den Fehler, welcher durch die Richtungsverschiedenheit der Sehelinien entsteht, wenn wir die zu messende Länge auf den Maafsstab projiciren, vermeidet man bei Längenmessungen dadurch, dass man bei unveränderter Sehelinie entweder die Endpunkte der zu bestimmenden Länge in diese nach einander hineinbringt, oder an der ruhenden Länge die Sehelinien parallel mit sich verschiebt. Die unmittelbarste Anwendung der ersten Methode findet

---

1783 und Wollaston *on the methods of cutting rock crystal for micrometers. Phil. Traus.* 1820. *p.* 126.

1) *Philosophical Instruments p.* 33.

sich bei den mikrometrischen Vorrichtungen der zusammengesetzten Mikroskope selbst. Vermittelst einer feinen Schraube wird der Objecttisch so lange verschoben, bis der feste Faden des Mikroskops beide Grenzen des Objects nach einander berührt[1]), eine Vorrichtung, die bei allen neueren Mikroskopen im Wesentlichen der nachgebildet ist, welche von dem Herzoge von Chaulnes[2]) angegeben wurde, nachdem Martin durch Anwendung der Schraube auf mikroskopische Beobachtungen die unsichern Schätzungen von Leeuwenhoek verdrängt hatte. Eines ganz ähnlichen Verfahrens bedient man sich zur Bestimmung grösserer Längen, besonders wenn diese durch die Dimensionen eines Körpers angegeben werden. Soll z. B. der Durchmesser eines Cylinders gefunden werden, so stellt man ihn auf eine horizontale Unterlage, an deren Ende eine Platte senkrecht befestigt ist. Man schiebt den Cylinder an diese Platte und den Maafsstab, auf welchen ein Mikroskop fest eingestellt wird, an den Cylinder. Dieser wird dann weggenommen und der Maafsstab an die Platte geschoben. Der Unterschied beider Ablesungen des Mikroskopes ist der Durchmesser des Cylinders. Dass diess Verfahren auch auf andre Körper sich

1) Uebereinstimmend hiermit ist die Art, wie man die Ortsveränderung eines Körpers, z. B. der Nadel einer Gambeyschen Bussole für tägliche Veränderungen, bestimmt, dadurch nämlich, dass man einen Maafsstab auf ihn befestigt, dessen Theilstriche durch ein festes Mikroskop abgelesen werden.

2) *Description d'un microscope et de différents micromètres.* 1768. *fol.*

anwenden lässt, leuchtet ein, doch muss eine Kugel zwischen zwei senkrechte Flächen gebracht werden.

Der Bedingung des Parallellismus zweier Sehelinien sucht man durch Schätzung, z. B. bei dem Ablesen der Thermometergrade, zu genügen, wo man dem Auge eine senkrechte Stellung zu geben sucht, weil der Nullpunkt für eine solche berichtigt. Wird aber grössere Genauigkeit erfordert, so fixirt man auch hier die Gesichtslinien durch Dioptern oder Mikroskope. Häufig bedient man sich bei der Messung kleiner Distanzen eines Mikroskopes mit beweglichem Faden, der über das Bild des Gegenstandes fortgeführt wird. Vertauscht man den letzteren mit einem an seine Stelle gelegten Maafsstab, so lässt der Werth der Bewegung des Fadens sich auf diesem ermitteln. Eben so fasst man bei den dioptrischen Comparateuren (Stangenzirkeln, deren Schenkel die Sehelinien zweier Mikroskope), wie sie zuerst von Troughton construirt wurden, die zu messende Distanz zwischen die beweglichen Fäden zweier näherungsweise vorher eingestellten Mikroskope und überträgt sie auf den an die Stelle der zu bestimmenden Länge gelegten Maafsstab, oder man verschiebt 2 Mikroskope mit festen Fäden vermittelst einer Mikrometerschraube, bis sie den Grenzen des Körpers entsprechen. Ist der Mafsstab in so kleine Theile getheilt, dass jede Stellung des Fadens auf einen Strich des Maafsstabes bezogen werden kann, so ist man von dem todten Gange der Schraube unabhängig. Ist diess nicht der Fall, so muss man die Unterabtheilungen an der Mikrometerplatte oder dem Kopfe der Schraube ablesen, indem man nämlich durch Bewegung derselben das Verdecken des nächsten Striches des Maafsstabes mit dem Fadenkreuz des Mikroskops hervorbringt. Will man eine grössere Entfernung übertragen, welche durch die Enden eines scharfkantigen Stabes angegeben ist, so werden entweder an diese scharfkantige Stücke derselben Höhe angelegt, wobei die als ein feiner Strich erscheinende Trennungslinie im Mikroskop das Fadenkreuz bisectirt, oder man kann, wenn man hierdurch keine wünschenswerthe Genauigkeit erhält, die Mikroskope auf 2 feine Striche einstellen, die auf den Ansatzstücken eingerissen sind. Misst man nun, nachdem der zu messende Stab herausgenommen, die Entfernung der Striche, wenn die Ansatzstücke aneinandergeschoben sind, so erhält man die Distanz, welche von der zuerst gefundenen abzuziehen ist, um die wahre Länge zu erhalten. Zu gleicher Zeit muss man sich aber davon überzeugen, dass die Fläche, auf welche die zu messenden Körper gelegt werden, vollkommen eben sei. Das Anlegen einer gespannten Saite über dieselbe giebt darüber die sicherste Entscheidung. Da nämlich die gradlinig an einem elastischen Bogen gespannte Saite die Vertiefungen der Fläche nicht berührt, so hört man bei leisem Berühren der Saite an dieser Stelle einen Ton, dessen Höhe von der Entfernung der Unterstützungspunkte abhängt [1]).

---

1) Kater *on the Error in Standards of Linear Measure arising from the thickness of the bar, on which they ar traced. Phil. Trans.* 1830. 359.

Von den beiden beweglichen Mikroskopen kann das eine befestigt werden, besonders bei den Instrumenten, wo häufig Längen gemessen werden, die sich nur wenig von einander unterscheiden, wo also die nothwendige Aenderung des Einstellens durch die Verschiebung des einen Mikroskopes vollführt werden kann. Diess geschieht z. B. bei Barometern, wo man das am Nullpunkt der Skale befestigte Mikroskop mit dieser auf das untere Niveau einstellt, dann durch Verschiebung des andern die Erhebung des zweiten Niveaus bestimmt. Um sich nach häufigem Gebrauch von der Unveränderlichkeit der Richtung der Mikroskope zu überzeugen, stellt man beide auf die Länge von 28 Zoll an ihrer Skale ein, schraubt die Skale mit ihnen auf einen Etalon und sieht, ob durch ihre Fäden auf dem Etalon dieselbe Länge bestimmt wird.

Bei den bisherigen Messungen haben wir uns theils eines getheilten Maafsstabes bedient, theils des getheilten Kopfes einer Schraube, durch deren Bewegung entweder der Gegenstand unter dem festen Mikroskop, oder das Mikroskop parallel mit sich selbst über dem ruhenden Gegenstande, oder endlich ein Faden im ruhenden Mikroskop über dem ruhenden Gegenstande fortbewegt wurde. Es fragt sich daher, wie man die an dem Schraubenkopfe abgelesenen Theile in Längentheile überträgt. Diess geschieht ein für allemal dadurch, dass man das Mikroskop auf einen getheilten Maafsstab einstellt und die Umdrehungen der Schraube bestimmt, welche erforderlich sind, dass der Faden von einem Theilstrich desselben bis zu dem andern fortrückt. Auf dieselbe Weise prüft man die Gleichförmigkeit der einzelnen Schraubengänge.

Um den Werth der Schraubengänge einer Vorrichtung, bei welcher der Objecttisch bewegt wird, zu prüfen, legt man einen getheilten Maafsstab auf denselben und bestimmt die Umdrehung des Schraubenkopfes, welche erfordert wird, damit zwei Striche des Maafsstabes nach einander an dem festen Faden des Mikroskopes antreten. Die durch Verschiebung des Objecttisches erhaltene Messung wird dann nur genau sein, wenn die Bewegung desselben senkrecht auf die Achse des Mikroskopes geschieht. Ob dieser Bedingung genügt ist, kann man durch das Mikroskop selbst leicht prüfen. Da nämlich bei starker Vergrösserung die geringste Veränderung der Entfernung des Gegenstandes von der Objectivlinse das Bild undeutlich macht, so braucht man die beobachtete Fläche nur durch die Schraube vorbeizuführen und zu sehen, ob während der Bewegung die Deutlichkeit des Bildes unverändert dieselbe bleibt.

Da die scheinbare Grösse eines Gegenstandes d. h. der Winkel, welchen die äussersten Strahlen desselben im Auge mit einander machen, mit der Entfernung vom Auge sich verändert, so wird man aus der bekannten Grösse eines Gegenstandes auf seine Entfernung schliessen können, wenn der Winkel gemessen wird, unter welchem er uns erscheint. Ist hingegen die Entfernung bekannt, so wird durch die Winkelmessung die Grösse des Gegenstandes ermittelt werden.

Der erste Fall tritt bei den Fernröhren ein, die, mit mikrometrischen Vorrichtungen versehen, als **Distanzmesser** gebraucht werden. Dass dazu vorzüglich die auf dem Princip der Verdoppelung beruhenden Mikrometer brauchbar sind, leuchtet ein. Sie sind daher auch hauptsächlich zu diesem Zwecke angewendet worden. Zu dem zweiten würden wir alle Messungen durch Winkelinstrumente zu rechnen haben, wenn wir diese nicht als zu weit abliegend von unserm Gegenstande hier unberücksichtigt lassen müssten, indem wir hier nicht über die Messung kleiner Winkel hinaus gehen wollen. Da wir aber bereits die Mittel kennen gelernt haben, den Gegenstand zwischen zwei Sehelinien zu fassen, so kommt es nur darauf an, den durch sie gebildeten Winkel als Vielheit eines als Einheit angenommenen auszudrücken. Beobachten wir nun eine in einer bestimmten Entfernung aufgestellte getheilte Skale durch ein mit beweglichen Fäden versehenes Fernrohr, so wird der Winkelabstand der auf Striche desselben eingestellten Fäden sich leicht bestimmen lassen, indem bekannt ist, unter welchem Winkel ein in bestimmter Entfernung aufgestellter Gegenstand von bekannter Grösse erscheint. Dadurch erhält man den Werth der Schraubengänge und auf ähnliche Weise die Abstände der einzelnen Striche eines im Brennpunkt des Objectivs befindlichen Gitters. Bei Mikroskopen hingegen, wo die Entfernung des Gegenstandes von der Objectivlinse eine bestimmte ist, wenn derselbe deutlich gesehen werden soll, wird man den Abstand der Striche nicht in Graden angeben, sondern bezogen auf eine Skale, welche an der Stelle des Objectivs bei der Bestimmung ihres Abstandes lag, wie früher bei den Mikroskopen mit einem beweglichen Faden bereits angegeben ist.

Der Abstand fester Fäden in Fernröhren kann auch auf andre Weise gefunden werden. Da das Himmelsgewölbe sich mit gleichförmiger Geschwindigkeit herumdreht, so wird die Messung der Zeit, welche ein Fixstern im Aequator braucht, um von einem Faden zum andern zu kommen, unmittelbar den durchlaufenen Bogen zwischen beiden angeben. Diese von dem Marchese Malvasia zuerst angegebene Bestimmungsart der Fadenintervalle war, auf Sterne von bekannter Declination ausgedehnt, fast die einzig angewendete, bis Gauss eine andre vorschlug, welche, unabhängig von der Helligkeit des Himmels, neben wünschenswerther Genauigkeit das Bequeme darbietet, dass sie zu jeder Zeit ausgeführt werden kann [1]).

Da die optischen Erscheinungen reciprok sind, so werden alle vom Brennpunkt des Objectivs, d. h. von dem Fadenkreuz ausgehende Strahlen aus dem Objectiv parallel austreten, auf das Objectiv eines zweiten Fernrohrs fallend, sich also so verhalten, als wenn sie von einem sehr weit entfernten Gegenstande, herkämen, daher im Brennpunkt desselben vereinigt werden. Stellt man also, nachdem man das Ocular aus dem ersten Fernrohr herausgenommen hat, beide mit ihren einander zugekehrten Objectiven so aneinander, dass ihre Achsen in derselben graden Linie zusammenfallen, so wird man das Fadenkreuz des ersten (um scharf

1) Neue Methode die gegenseitigen Abstände der Fäden in Meridianfernröhren zu bestimmen. Schumacher astron. Nachr. 2. 372.

gesehen zu werden, muss es auf den Himmel projicirt werden) durch das zweite Fernrohr deutlich sehen, da die ganze Vorrichtung als ein zusammengesetztes Mikroskop angesehen werden kann, dessen Gegenstand das Fadenkreuz und dessen Objectivlinse das Objectiv des ersten Fernrohrs ist. Ist dieses zweite Fernrohr an einem Winkelinstrument befindlich, ist es z. B. das Fernrohr eines Theodoliten, so lassen sich durch successives Einstellen seines Fadenkreuzes auf die Fäden des ersten Fernrohrs die Winkelabstände derselben vom Azimutalkreise messen und aus dem Neigungswinkel an dem kleinen Höhenkreise des Theodoliten die wahren berechnen.

Auf ähnliche Weise kann man nach Gauss Vorschlag die Vergrösserung eines Fernrohrs finden. Insofern nämlich das Ocular für ein weitsichtiges Auge eingestellt ist, erscheinen die Gegenstände durch das Fernrohr von hinten eben so viel verkleinert, als dasselbe beim gewöhnlichen Gebrauch vergrössert, und zwar in solcher Deutlichkeit, dass sie eine Wiedervergrösserung durch ein zweites Fernrohr vollkommen vertragen. Misst man nun durch das Fernrohr des Theodoliten oder durch ein Heliometer den Winkel, unter welchem das so verkleinerte Bild erscheint, und, nach Wegnahme des ersten Fernrohrs, den Winkel, unter welchem das Object selbst erscheint, so erhält man durch Vergleichung beider die gesuchte Vergrösserung. Halbirt nämlich die optische Achse die gemessenen Winkel, so ist die Vergrösserung gleich den Quotienten aus den Tangenten der halben wahren Winkel.

Ein andres Princip liegt der von Adams [1]) unter dem Namen Auzometer angegebenen Vorrichtung zum Grunde. Da nämlich die Vergrösserung eines Fernrohrs gleich ist der Oeffnung des Objectives dividirt durch den Durchmesser des auf dem letzten Augenglase entworfenen Bildes derselben, so kommt es nur auf eine Messung dieser beiden Grössen an. Die Oeffnung des Objectives wird durch einen Zirkel auf einer in Hunderttheil Zoll getheilten Skale gemessen, das auf dem Ocular entstehende Bild der Oeffnung aber durch ein in ein Hornplättchen gerissenes Gitter mit parallellen Streifen, welche 0.01 Zoll von einander abstehen und durch eine in einer Messingröhre verschiebliche Loupe abgelesen werden. Das durchsichtige Hornplättchen bildet die Grundfläche dieses Cylinders. Das Dynameter von Ramsden [2]) unterscheidet sich von dem Auzometer dadurch, dass die Messung des Bildes vermittelst einer durch eine Schraube verschieblichen durchschnittenen Linse geschieht.

Bei einem Fernrohr, welches wie das Meridianfernrohr mit einem getheilten Kreise verbunden ist, kann die Messung des Bildes durch die Theilung des Kreises selbst erhalten werden. Stellt man nämlich, nachdem das Ocular aus dem horizontal gestellten Mittagsfernrohr herausgenommen ist, ein zusammengesetztes horizontal gestelltes Mikroskop so ein, dass die Fäden im Brennpunkt des Fernrohrs deutlich gesehen werden, so wird der Faden

---

1) *Rozier Journal de Physique.* 1783. *Janvier. p.* 65.

2) Brewster *Edinburgh Philosophical Journal. No.* 15. 183.

des Mikroskopes durch Coincidenz mit dem horizontalen Faden des Fernrohrs selbst horizontal gestellt werden können und dadurch der Drehungsachse des Instruments parallel werden. Setzt man nun die verschiedenen Oculare nach einander ein, und schiebt das Mikroskop so weit zurück, dass das nun entstehende Bild der Oeffnung des Objectives im Mikroskop deutlich erscheint, so wird, wenn man die Winkel misst, um welche der Kreis gedreht werden muss, damit beide Ränder jenes Bildes durch den unverrückt bleibenden Faden des Mikroskopes verdeckt werden, man die Winkel finden, unter welchem die Bilder, von der Achse des Kreises aus gesehen, erscheinen würden. Die Entfernung derselben von der Achse ist aber leicht zu bestimmen. Die Entfernung des Bildes vom Fadennetz ist nämlich gleich der Grösse, um welche das Mikroskop bei dem Einsetzen des Oculars in das Fernrohr zurückgeschoben werden musste. Diese durch Messung erhaltene Grösse, hinzugefügt zu dem bekannten Abstand des Fadennetzes von der Drehungsachse, giebt den Abstand des Bildes von derselben und dadurch seine wahre Grösse, welche mit dem Durchmesser der Einfassung des Objectives verglichen, die Vergrösserung giebt. Dieses Verfahren ist von Bessel angegeben worden [1]).

Untersucht man, welchen Raum das Bild eines Gegenstandes, dessen scheinbarer Durchmesser bekannt ist, also z. B. der Sonne, wenn er im Fernrohr gesehen wird, auf einer mit blossem

---

1) Königsberger astronomische Nachrichten 6. 6.

Auge betrachteten und in bekannter Entfernung aufgestellten Projectionsscheibe macht, nachdem die Strahlen aus dem Ocular herausgetreten sind, so erhält man die Vergrösserung als Quotient der Tangente des so bestimmten Winkels und des aus der bekannten scheinbaren Grösse ermittelten. Dieser Vorschlag von Schröter[1]) ist von Valz[2]) neuerdings wiederholt worden.

Auch bedient man sich des Projicirens eines Bildes auf einen Maafsstab, um die Vergrösserung eines optischen Instruments zu bestimmen. Es ist bekannt, dass, um dieselbe bei einem nicht stark vergrösserden Fernrohr zu erhalten, nach Wolfs Vorschlag[3]) man nach einem Dach sieht, welches so weit entfernt ist, dass man noch die einzelnen Dachziegel zu unterscheiden vermag. Oeffnet man nun, während man mit dem einen Auge durch das Fernrohr sieht, das andre Auge, so ist es leicht beide Bilder so zu erhalten, dass man das durch das Fernrohr gesehene vor dem mit blossem Auge gesehenen schweben sieht. Zählt man dann, wie viele Dachziegel des letzteren durch einen Dachziegel des ersteren verdeckt werden, so erhält man die lineare Vergrösserung. Genauer wird die Bestimmung, wenn man das Fernrohr auf eine entfernte Skale einstellt, das Bild derselben durch einen unter 45° gegen die Achse des Fernrohrs geneigten hinter dem Ocular befindlichen Spiegel in das Auge reflectirt, und zugleich eine in der

1) Beiträge zu den neuesten astronomischen Entdeckungen. I. 210.

2) Schumacher astronom. Nachrichten. 7. 204.

3) *Elementa dioptricae, probl.* 38.

Entfernung des deutlichen Sehens hinter dem Spiegel befindliche zweite Skale betrachtet. Eine aus einem Parallelglase bestehende Camera lucida, welche auf das Ocular aufgeschraubt werden kann, ist ebenfalls dazu bequem. Dieses Verfahren findet, da es für starke Vergrösserung anwendbar ist, nach Jacquin auch bei Mikroskopen eine Anwendung, ja es bedarf bei denselben, wie es von Hooke bereits geschehen, nicht einmal des reflectirenden Spiegels, dessen Anwendung aber die Sicherheit der Bestimmung bedeutend erhöht. Eine weisse Skale auf schwarzem Grunde ist hierzu vorzugsweise zu empfehlen. Sie wird in die Entfernung von 8 Zoll gelegt und ein fein getheiltes Mikrometer als Object auf den Tisch des Mikroskopes darauf projicirt. Die verschiedenen Vergrösserungen werden bekanntlich durch verschiedene Combinationen der Oculare und Objectivlinsen erhalten. Da nun bei starken Vergrösserungen das vorige Verfahren unsicher wird, so giebt Ettinghausen folgende Methode an. Zuerst bestimmt man für alle Oculare und das schwächste Objectiv die Vergrösserung. Hierauf legt man ein Mikrometer als Object ein, dessen Skale schon bei der kleinsten Vergrösserung das ganze Gesichtsfeld ausfüllt, oder blendet dasselbe ab, bis dieser Bedingung genügt ist. Nun beobachtet man mit allen Combinationen der Objective und Oculare die Anzahl der Intervalle des Mikrometers, welche auf einmal übersehen werden, das Verhältniss derselben giebt die relative Vergrösserung, die vermittelst der anfangs gefundenen Einheit in eine absolute verwandelt wird.

Kennt man durch irgend eines der eben betrachteten Mittel die Vergrösserung eines optischen Instruments, so lässt sich vermittelst desselben und einer davon unabhängigen getheilten Skale die absolute Grösse eines Gegenstandes bestimmen, auch wenn keine mikrometrische Vorrichtung an dem Instrumente selbst vorhanden ist. Projicirt man nämlich das durch das Mikroskop erhaltene Bild des Gegenstandes durch eine Camera lucida auf eine in der Entfernung, für welche die Vergrösserung bestimmt wurde, gehaltene Skale, so ist die absolute Grösse des Gegenstandes gleich der Grösse des auf die Skale projicirten Bildes dividirt durch die Vergrösserungszahl. Durch Projection des Bildes eines durch ein Fernrohr, dessen Vergrösserung bekannt ist, betrachteten Gegenstandes auf eine in bestimmter Entfernung gehaltene Skale könnte man ebenso seine Entfernung bestimmen, wenn seine wirkliche Grösse bekannt ist, oder seine Grösse aus seiner bekannten Entfernung.

Da die Genauigkeit der durch das Auge erhaltenen Messungen wesentlich von den dabei angewendeten optischen Hülfsmitteln abhängt, so werde ich die in dieser Beziehung von dem Künstlern jetzt wirklich erreichten Grenzen hier beifügen.

Die grösseren zusammengesetzten Mikroskope von Frauenhofer (Preis 560 Fl.) mit 6 achromatischen Objectiven, einem doppelten und einfachen Ocular haben bei dem einfachen Ocular folgende Vergrösserungen:

linear:	16	21	32	53	74	100
der Flächen:	256	441	1024	2809	5476	10000

bei dem doppelten Ocular:

linear:	24	31.5	48	79.5	111	150
der Flächen:	576	992	2304	6320	12321	22500

Die mikrometrische Messvorrichtung giebt 0.00001 Zoll. Die kleineren zusammengesetzten Mikroskope von Frauenhofer (Preis 130 Fl.) mit 4 achromatischen Objectiven und 2 Ocularen haben folgende Vergrösserungen:

linear:	20	30	50	75	110
der Flächen:	400	900	2500	5625	12100

Die mit 3 achromatischen Objectiven und einem Ocular (Preis 61 Fl.) die Vergrösserungen:

linear:	20	30	50
der Flächen:	400	900	2500

Die zuletzt von Frauenhofer verfertigten grossen zusammengesetzten Mikroskope vergrössern von 19 bis 380 linear, in der Fläche 361 bis 14400 (Preis 572 Fl.), die zusammengesetzten prismatischen Mikroskope (Preis 375 Fl.), mit 5 achromatischen Objectiven, 3 verschiedenen Ocularen zum gewöhnlichen Gebrauch und einem Ocular mit dem Sömmeringschen Spiegel, vergrössern 12 bis 1000 mal linear oder 144 bis 1000000 in der Fläche, die zusammengesetzten Mikroskope mit 4 achromatischen Objectiven und 2 Ocularen vergrössern linear von 20 bis 225, in der Fläche also 400 bis 50625 mal (Preis 136 Fl.), die zusammengesetzten Mikroskope mit 3 achromatischen Objectiven und einem Ocular vergrössern 20 bis 115 mal linear, oder 400 bis 13225 in der Fläche (Preis 60 Fl.)

Bei diesen Mikroskopen, das zweite ausgenommen, können alle zwischen den äussersten Grenzen liegenden Vergrösserungen durch die verschiedene Combination der Objective hervorgebracht werden, auch können diese Vergrösserungen noch durch Zugabe eines schärferen Oculares, welches 11 Fl. kostet, vermehrt werden. Die Linearvergrösserung der zusammengesetzten Loupen ist bei Frauenhofer 5, 12, 17 (der Preis jeder 5 Fl.)

Nach Frauenhofers Tode sind die Mikroskope des optischen Instituts in München von Merz verbessert worden. Die Objective sind ebenfalls über einander zu schrauben, eine Einrichtung, welche von Selligue erfunden und von Chevalier zuerst ausgeführt wurde, und eine schärfere Nummer von $\frac{1}{2}$ Zoll Brennweite ist beigegeben. Das Instrument kann horizontal gestellt werden. Es ist mir nicht bekannt, ob die von Steinheil vorgeschlagene Anwendung eines Fernrohrs als Mikroskop, von Merz ausgeführt worden ist. Um nämlich schmale abgetheilte Kreuzfäden im dunkeln Gesichtsfelde beliebig erleuchten zu können, befestigte Steinheil auf das Objectiv des Fernrohrs ein kleines Objectiv und brachte in seine Brennweite eine Mikrometertafel, so dass analog dem Gaussischen Verfahren den Winkelabstand der Fäden zu messen, parallelles Licht sowohl von der Mikrometertafel als von einem in der optischen Achse des Fernrohrs gelegenen sehr entfernten Gegenstande das grosse Objectiv treffen musste. Einen mikroskopischen Gegenstand an die Stelle der Mikrometertafel gesetzt, verwandelt das Fernrohr in ein Mikroskop, welches besonders auf Reisen zu empfehlen wäre wegen der Leichtigkeit, womit ein Jeder sein Fernrohr darein verwandeln kann [1]).

Die dioptrischen Mikroskope von Amici geben bei einer Sehweite von 8 Zoll, wenn die 3 Objective mit 1. 2. 3. bezeichnet werden, die 5 Oculare mit I. II. III. IV. V. nach Jacquin folgende Vergrösserungen:

Objectiv	Ocular	Linearver.	Flächenver.
1	I.	50	2500
1	II.	90	8100
1+2	I.	120	14400
1+2	II.	160	25600
1+2	III.	200	40000
1+2+3	I.	133	17689
1+2+3	II.	250	62500
1+2+3	III.	300	90000
1+2+3	IV.	600	360000
1+2+3	V.	1700	2890000

wobei zu bemerken, dass die vorletzte weniger scharf, die letztere undeutlich und dunkel, die drei vorhergehenden aber vortrefflich sind. Die von Amici selbst angegebenen Vergrösserungen sind auf die Entfernung von 13 Zoll 11 Linien fr. bezogen und fallen daher zu hoch aus, ebenso wie die Angaben von Pouillet, welcher für ein aus 6 Ocularen und 4 Objectiven bestehendes für eine Entfernung von 14 Zoll 5 Linien folgende Verhältnisse angiebt:

Objectiv	Ocular	Linearver.	Flächenver.
1	I.	89	7921
1	II.	161	25921

1) Ueber ein neues Mikrometer. Schumacher astronom. Nachr. 5. 359.

1	III.	228	51984.
1+2	I.	196	38416
1+2	II.	354	125316
1+2	III.	501	251001
1+2	IV.	1108	1227664
1+2+3	I.	257	66049
1+2+3	II.	463	214369
1+2+3	III.	656	430336
1+2+3	IV.	1453	2111209
1+2+3	V.	2381	5669161
1+2+3	VI.	4135	17098225

Die Spiegelmikroskope von Amici haben dieselben Oculare als die dioptrischen Mikroskope.

Die grossen zusammengesetzten Mikroskope von Plössl mit 3 Ocularen aus einfacher Linse und Collectivglas bestehend und 6 achromatischen aplanatischen Linsen zum Uebereinanderschrauben geben lineare Vergrösserungen von 18 bis 500mal oder 324 bis 250000 in der Fläche, erhalten ausserdem ein Ocular, um mit verhältnissmässigem Verlust an Lichtstärke die lineare Vergrösserung bis 1000 und 1500 mal zu steigern (Preis 275 Fl. und wenn es horizontal zu stellen ist 290 Fl.).

Die kleineren zusammengesetzten Mikroskope von Plössl mit 2 Ocularen und 5 aplanatischen Linsen geben 18 bis 250fache lineare oder 324 bis 62500fache Flächenvergrösserung. Statt der Frauenhoferschen Messvorrichtung, welche die grösseren haben, sind Glasgitter mit 30 und 60 Linien auf die Wiener Linie beigegeben (Preis 90 Fl.).

Die einfachen Taschenmikroskope nach Banks von Plössl mit 6 einfachen Linsen vergrössern linear 12 bis 300 mal, oder 144 bis 90000 in der Fläche (Preis 40 Fl.). Eine Demantlinse mit 500maliger und noch bedeutenderer Linearvergrösserung zu diesem Mikroskop kostet 150 Fl., eine Saphirlinse von 400maliger Vergrösserung 20 Fl., hingegen Linsen von Beryll, Topas und Bergkrystall von 200 bis 300maliger Vergrösserung 10 Fl. Der Preis der Saphirlinsen bei Pritchard in London 18 *Picket Street*, *Strand*, ist bei den Brennweiten $\frac{1}{10}$, $\frac{1}{20}$, $\frac{1}{30}$, $\frac{1}{40}$ engl. Zoll oder den Linearvergrösserungen 100, 200, 300, 400 das Stück 2 Guineen, für $\frac{1}{50}$, $\frac{1}{60}$ Brennweite 3 Guineen, für $\frac{1}{80}$ und $\frac{1}{100}$ 4 Guineen, hingegen der Preis der Demantlinsen 10 bis 20 Guineen. Ein vollständiger mikroskopischer Apparat mit monochromatischer Beleuchtung nach Brewster, mit 5 Glas- und 2 Saphirlinsen und planconvexen Linsen, von denen 2 nach Wollastons Angabe construirt die Wirkung einer Saphirlinse ersetzen, und mit Mikrometer kostet bei Pritchard 30 L. Wollastons Doublets bei Dollond, 59 *St. Paul's Church Yard*, *London* kosten 7 L. 17 s. 6 d, ein vollständiger mikroskopischer Apparat aber von 13 L. 13 s. bis 42 L. Gould's *new improved pocket compound microscope* (Preis 1 L. 16 s.) bei Carey, 181 *Strand*, *London* giebt 5 verschiedene Vergrösserungen. Beigegeben werden Linsen, von denen No. 1. 250 mal linear vergrössert (Preis 8 s. 6 d.) und No. 12. 1100 mal linear oder 1210000 in der Fläche. Die Mikroskope von Pistor und Schiek haben ohngefähr dieselben Vergrösserungen als die von Plössl. Der Preis der grösseren ohne mikrometrische Vorrichtung ist 101 Thlr.

Eigentliche Messmikroskope, entweder verschieblich an einer getheilten Skale und dann mit einem Fadenkreuz versehen, oder mit eigner mikrometrischer Vorrichtung, erhalten nur geringere Vergrösserungen, in der Regel von 10 bis höchstens 50 linear, da man hiebei gewöhnlich ein etwas grösseres Gesichtsfeld wünscht. Durch Aufeinanderschrauben mehrerer Objectivlinsen übereinander erhält man auch hier eine viel grössere Lichtstärke, so dass man selbst bei stärkeren Vergrösserungen an trüben Tagen noch scharf pointiren kann. Die an dem Comparateur, welchen Stampfer bei der Bestimmung der Länge der Wiener Klafter anwendete, von Plössl angebrachten Mikroskope haben 3 achromatische Objective von $2\frac{1}{4}$, 3 und $3\frac{1}{2}$ Linien Oeffnung, und 3 Oculare mit folgender Vergrösserung:

Object.	Ocul.	Vergrösserung.
3	I.	11.5
3	II.	16
3	III.	26
2+3	I.	24
2+3	II.	34
2+3	III.	56
1+2+3	I.	35
1+2+3	II.	49
1+2+3	III.	81

Da die Frauenhoferschen Fernröhre anerkannt die vorzüglichsten sind (unter den Zugfernröhren sind die von Ramsden vielleicht jetzt noch unübertroffen), so wird es genügen, die Vergrösserungen derselben anzugeben. Das Maass ist französisch, die Vergrösserung, wie immer bei Fernröhren, linear:

Länge des Fernrohrs in Fuss u. Zoll.	Brennweite des Objectiv in Zollen.	Oeffnung des Objectivs in Linien.	Terrestrische Vergrösserung.	Astronomische Vergrösserung.
1′ 6″	12	13	15	—
1′10″	16	15½	21	—
2′ 3″	20	19	26	—
3′ 1″	30	25½	40	—
4′ 1″	42	29⅓	55	—
2′ 6″	20	21	28	40. 60.
3′ 4″	30	29	42	60. 90.
4′ 4″	42	34	50. 70.	54. 84. 126.
4′10″	48	37	57. 80.	64. 96. 144. 216.
5′ 4″	54	43	60. 90.	48. 72. 108. 162. 243
	60	48	66	54. 80. 120. 180. 270.
	72	52	82. 120.	64. 96. 144. 216. 324.
	110	78	—	62. 93. 140. 210. 320. 470.

Von diesen Fernröhren sind die 3 ersten Zugfernröhre, das vierte und fünfte Seefernröhre. Die Frauenhoferschen Kometensucher haben 34 Linien Oeffnung und 24 Zoll Brennweite.

Das vollendetste der von Frauenhofer selbst verfertigten Fernröhre ist der berühmte im Juli 1824 von ihm vollendete Refractor auf der Sternwarte in Dorpat [1]). Die Oeffnung des Objectiv ist 9 Par. Zoll, die Brennweite 160 Zoll, die Länge des Fernrohrs 13 Fuss 7 Zoll. Von den vier Ocularen vergrössert das schwächste 175 mal, das stärkste 700 mal mit vollkommner Schärfe

1) Frauenhofer über die Construction des so eben vollendeten grossen Refractors. Schumacher astr. Nachr. 4. 17. und Struve Nachricht von der Ankunft und Aufstellung des Refractors von Frauenhofer auf der Sternwarte der Kaiserlichen Universität zu Dorpat. Schumacher astr. Nachr. 4. 37.

der Bilder bei günstiger Luft. Das ohne Gestell an 2000 Pfund schwere Instrument ist so genau äquilibrirt, dass es mit einem Finger bewegt werden kann. Eine Uhr mit einer im Kreis schwingenden Unruhe regulirt die Bewegung des Fernrohrs um die Weltachse so vollkommen, dass bei der stärksten Vergrösserung der Stern in der Mitte des Fernrohrs vollkommen unbewegt erscheint. Auch kann der Gang des Instrumentes mit dem der Sonne und des Mondes in Uebereinstimmung gebracht werden. Die Bewegung des Fernrohrs wird durch das Aufziehen der Uhr nicht unterbrochen, es kann aber zu jeder Zeit leicht ausser Verbindung mit ihr gebracht und mit ihr verbunden werden. Der Sucher hat 29 Linien Oeffnung und 30 Zoll Brennweite. Ein eben solches zugleich mit dem Dorpater Instrument gefertigtes Fernrohr besitzt die Berliner Sternwarte.

Das grösste aller bisherigen dioptrischen Fernröhre ist das neuerdings in München für Petersburg vollendete von mehr als 12 Zoll Oeffnung. Der auf der Sternwarte von South in Kensington von Troughton aufgestellte Refractor hat ein Objectiv von Cauchoix von 11 Pariser Zoll Durchmesser.

Das Objectiv des von Lerebours für die Pariser Sternwarte verfertigten Achromaten hat 9.2 engl. Zoll Durchmesser, von welchen aber nur 8.4 gebraucht werden, die Brennweite ist 11 Fuss, die Vergrösserungen 136. 153. 224. 240. 420. 560.

In Beziehung auf mikrometrische Vorrichtungen bei Fernröhren hat Frauenhofer ebenfalls das bedeutendste geleistet. Für den Dorpater Refractor sind dieselben: ein Filarmikrometer mit 4 verschiedenen Ocularen, ein Lampenkreismikrometer mit 4 Ocularen, ein Lampennetzmikrometer mit 3 Ocularen, und 4 Ringmikrometer [1]), von welchen 2 doppelte Ringe enthalten. Das grösste Heliometer ist das von Frauenhofer für die Königsberger Sternwarte angefangene aber erst nach seinem Tode vollendete Instrument. Das Fernrohr desselben ist 8 Pariser Fuss lang, das Objectiv hat 70 Linien Oeffnung. Zum gewöhnlichen Gebrauch sind 5 Oculare, welche 45. 91. 115. 179. 290 mal vergrössern, ausserdem ist ein Frauenhofersches Kreismikrometer, dessen Vergrösserung 65, ein Ring und Netzmikrometer mit hellen Linien im dunkeln Sehefelde mit 62, 92 und 165maliger Vergrösserung beigegeben. Die mit einer Theilung in 100 Theile versehenen Köpfe der Schrauben, durch welche die Objectivhälften bewegt werden, haben einen so grossen Durchmesser, dass man die Tausendtheile eines Umganges, deren jedes etwa ein Zwanzigtheil einer Secunde beträgt, mit völliger Sicherheit erkennt: der Sucher hat 21 Linien Oeffnung und 21 Zoll Länge. Die Bewegung durch das Uhrwerk ist wie bei dem Dorpater Instrument.

Die gewöhnlichen Frauenhoferschen Heliometer haben ein achromatisches Objectiv von 42 Zoll Brennweite und 34 Linien Oeffnung, vier astro-

1) Die Beschreibung dieser für die astronomischen Beobachtungen wichtigen Vorrichtung, welche im wesentlichen aus einem Planglas besteht, in welches ein Stahlring oder 2 concentrische eingesetzt sind, welche im Fernrohr als ein dunkler auf das Himmelsgewölbe projicirter Reif erscheint, giebt Frauenhofer Beschreibung eines neuen Mikrometers. Schumacher astron. Nachr. 2. 361.

nomische Oculare von 41. 52. 81 und 131 maliger Vergrösserung und geben vermittelst der Mikrometerschraube eine halbe Secunde ohne Repetition.

Da die Construction grosser dioptrischer Fernröhre vorzugsweise von der Bereitung grosser fehlerfreier Flintglasstücke abhängt, die Schwierigkeit der Darstellung derselben ihren Werth in der Weise erhöht, dass die Preise achromatischer Objective des Münchner Instituts von 1, 2, 3, 4, 5, 6 Zoll Oeffnung 13. 44. 150. 356. 694. 1200 Fl. sind, so hat man auf mannigfache Weise sich bemüht, andre Substanzen dafür zu substituiren oder kleinere Stücke desselben bei grösserer Oeffnung anzuwenden. Das letztere ist neuerdings Plössl bei der Ausführung der von Littrow angegebenen dialytischen Fernröhre gelungen, welche bei kleinen Dimensionen wirklich Ausserordentliches leisten. Cauchoix hingegen erhält eine Verminderung der Grösse des Objectives um $\frac{1}{8}$ dadurch, dass er statt des Crownglases Bergkrystal mit Guinandschem Flintglase verbindet, und reducirt dadurch zugleich die Länge des Fernrohrs auf die Hälfte. Barlow hingegen bringt eine flüssige Correctionslinse von Schwefelkohlenstoff in der halben Brennweite der grösseren Linse von Tafelglas an, und erhält dadurch farblose Bilder. Das von ihm verfertigte Fernrohr hat 7, 8 Zoll Oeffnung bei einer Länge von 12 Fuss. Die Brennweite der Convexlinse ist 18 Zoll, der flüssigen, welche 40 Zoll von der ersten absteht, 59.8 Zoll. Die stärkste Vergrösserung ist 700, bei 360 zeigt aber die Scheibe der Venus einige Färbung. Von dem schweren Glase von Faraday sind noch keine grösseren Instrumente verfertigt.

Die Verfertigung grosser Spiegel ist geringeren Schwierigkeiten unterworfen als die grosser Flintglasstücke. Bei dem Neutonschen Spiegelteleskope, bei welchem 2 Spiegel angewendet werden, ist das reflectirte Licht 0.452 des auffallenden, bei den grösseren Reflectoren, bei welchen nur ein Spiegel angewendet wird, 0.673. Ein Reflector dieser Construction wirkt also nach Herschel bei 18 Zoll Oeffnung so wie ein Achromat von $15\frac{1}{2}$, doch haben die Refractoren den wesentlichen Vorzug, dass die Abweichung wegen der sphärischen Form der Flächen bei ihnen fast gänzlich gehoben werden kann, welches bei den Spiegelteleskopen nicht der Fall ist. Obgleich daher die stärkeren Vergrösserungen, welche diese ertragen, bei Beobachtungen des Fixsternhimmels wünschenswerth sind, so werden doch die Beobachtungen der Planeten und Kometen durch Refractoren wegen schärferer Begrenzung der Bilder den Vorzug verdienen, abgesehen von der grösseren Anwendbarkeit der letzteren bei Messungen.

Das grösste aller Spiegelteleskope war der grosse jetzt auseinander genommene Reflector in Slough von Herschel [1]) dem Vater, im Jahre 1789 vollendet. Die polirte Spiegelfläche hatte 48 Zoll im Durchmesser. Das Gewicht des $3\frac{1}{2}$ Zoll dicken Spiegels war 2148 Pfund, die Länge des aus Eisenblech zusammengesetzten Rohres 39 Fuss 4 Zoll, sein Durchmesser 4 Fuss 10 Zoll. Die

---

1) Die durch 18 Kupferplatten erläuterte Beschreibung desselben findet sich in den *Philosoph. Transact.* für 1795

bei Planeten angewendete Vergrösserung war in der Regel 250, eine stärkere als 500 wurde bei denselben nicht angewendet, weil dann die Bilder nicht mehr scharf erhalten wurden. Die stärkste gewöhnlich bei Fixsternen angewendete Vergrösserung war 3000, obgleich eine 6000fache vorhanden war. Schröters 25füssiges Teleskop in Lilienthal ist nach diesem das bekannteste. Ein von dem jüngern Dollond verfertigtes fünffüssiges Spiegelteleskop im Jahre 1784 in Paris befindlich, vertrug bei Jupiter und Saturn 460fache Vergrösserung, hatte aber ausserdem 6 Oculare mit Vergrösserungen von 750 bis 3000 für Fixsterne, welche auf Planeten nicht anzuwenden waren. Auch von andren Künstlern sind grosse Instrumente gefertigt worden, ein gregorianisches, dessen Spiegel 22½ Fuss Brennweite hatte, von Rochon, ein 22füssiges Herschelsches von Carrochez, ein 26füssiges von Schrader u. a. m. Der grösste jetzt in England befindliche Reflector ist 1820 von Ramage in Greenwich aufgerichtet. Der Durchmesser des Spiegels ist 15 Zoll, seine Brennweite 25 Fuss. An die Stelle des älteren Fernrohrs in Slough ist ein andres, dessen Spiegel 18 Zoll Durchmesser und 20 Fuss Brennweite hat, von dem jüngern Herschel aufgestellt worden. Die besten zwanzigfüssigen, Neuton'schen Spiegelteleskope werden von Amici in Modena gefertigt.

Die bisher betrachteten Messungen geschahen sämmtlich durch das Auge. Sehr sichere Bestimmungen erhält man aber auch durch das Gefühl. Häufig bestimmt man die Dimensionen eines Körpers durch den Tasterzirkel, welcher als Federzirkel die Bequemlichkeit darbietet, die gemessene Länge selbst festzuhalten. Ist aber die zu messende Distanz der Zwischenraum zwischen zwei Körpern, so drückt man in diesen einen Keil bis zur Berührung ein. Da der Keil aber zunächst nur zu der Messung kleiner Entfernungen angewendet werden kann, so muss der zu bestimmende Zwischenraum vorher durch aneinander gelegte Meſsstangen so weit ausgefüllt werden, dass die übrig bleibende Oeffnung nur klein ist. Zwei gleiche rechtwinklige Keile lassen sich dazu anwenden, durch Aneinanderlegen ihrer Hypothenusen Platten von beliebiger Dicke darzustellen. Uebereinstimmend mit der Anwendung des Gefühls bei dem Tasterzirkel ist die auf grössere Distanzen anwendbare Construction der Zollstöcke, bei welchen in der Regel der zu messende Körper zwischen zwei senkrechte Platten zur Berührung gebracht wird, deren Distanz man auf dem Maaſsstab abliest. Eine grössere Genauigkeit giebt das Sphaerometer, welches von dem Herzog von Chaulnes zur Bestimmung der Gestalt optischer Gläser angewendet wurde, in der von Cauchoix ihm gegebenen Einrichtung aber vorzugsweise zur Bestimmung der Dicke dünner Blättchen dient.

Auf einer vollkommen ebenen Glasplatte stehen die stählernen Spitzen dreier Schrauben, welche eine horizontale Platte tragen, in deren Mitte eine Schraubenmutter befindlich ist. Die durch sie hindurchgehende Schraube wird so weit gedreht, dass sie die ebene Glasplatte berührt, darauf zurückgeschraubt und das Plättchen, dessen Dicke man erfahren will, auf die ebene Unterlage gelegt.

Ein Herabschrauben der Schraube bis zur Berührung der obern Fläche des Plättchens giebt in dem Unterschiede der Anzahl der Drehungen des Schraubenkopfes von der vorher erhaltenen Anzahl die verlangte Grösse. Durch ein ganz ähnliches Verfahren, welches, wie man leicht sieht, dasselbe ist, als die früheren Längenmessungen durch ein feststehendes Mikroskop, erhält man den Durchmesser einer Kugel, und überzeugt sich von der genauen Sphäricität derselben. Ist nämlich dieselbe in einem viereckigen Kasten befindlich, so wird eine durch eine der Seitenflächen desselben gehende Mikrometerschraube die Kugel berührend die leisesten Unterschiede angeben, wenn bei veränderter Lage der Kugel die Berührungspunkte auf ihr andere geworden sind. Da aber die Schraube gewöhnlich nicht so weit geschnitten ist, um bei der Drehung die ganze Weite des Kastens zu durchlaufen, so substituirt man für die Kugel ein scharfkantiges Stück, dessen Dimensionen nahe dieselben sind und nachher durch irgend ein anderes Verfahren gemessen werden. Diese Art der Messung wendete Shuckburgh an. Soll der Durchmesser cylindrischer Drähte bestimmt werden, so kann man sie zwischen zwei Schneiden klemmen, deren eine vermittelst einer Schraube von der andern beliebig entfernt werden kann. Sind die Dräthe sehr dünn, so kann man sich auch des folgenden indirecten Verfahrens bedienen. Man umwindet mit dem Drath einen Cylinder, und schiebt die Windungen so aneinander, dass sie einander sämmtlich berühren. Die Dicke des Drahtes ist dann gleich der umwickelten Länge des Cylinders dividirt durch die Anzahl der Windungen.

Da die Messung mit dem Sphärometer nur bei harten Substanzen bestimmte Resultate giebt, so muss man sich bei denen, welche leicht einen Eindruck gestatten, andrer Verfahrungsarten bedienen. Bei achromatischen Objecten kommt es darauf an, dass die Flintglaslinse überall gleichweit von der Crownglaslinse entfernt sei. Diess wird dadurch erreicht, dass man sie an ihrem Umfang durch 3 um 120 Grad von einander entfernte genau gleich dicke Staniolblättchen trennt. Um die Dicke derselben zu messen, wendet Frauenhofer die zwischen ihnen entstehenden Farbenringe an. Da diese nämlich ohne Zwischenstück genau in der Mitte entstehen, sich aber desto weiter von ihr entfernen, je stärker das eingelegte Blatt ist, so kann man ihre Gleichheit aus dem gleichen Fortrücken des farbigen Fleckes bestimmen, auch giebt diess Verfahren eine indirecte Bestimmung ihrer Stärke.

Besitzen wir also sowohl durch das Auge als durch das Gefühl Mittel, auf einem Maafsstabe Punkte anzugeben, welche um die zu bestimmende Länge von einander entfernt sind, so bleibt uns noch die Aufgabe zu lösen, diese Entfernung mit möglichster Schärfe in Theilen eines Maasses anzugeben. Wir hätten daher nun von den directen und indirecten Theilungsmethoden zu sprechen.

Die directe Theilungsmethode durch parallel neben einander liegende Striche findet vorzugsweise bei optischen Instrumenten eine Anwendung, wo es darauf ankommt, die Dimensionen eines Bildes nach verschiedenen Richtungen zu messen.

Die Erfindung der Glasgitter durch Brander hat sehr viel dazu beigetragen, in den kleinsten Organismen die räumlichen Verhältnisse in ihrer Bedeutung hervortreten zu lassen. Seitdem aber Brewster fand, dass die Perlmutterfarben in schwarzem Siegellack sich abdrücken lassen, indem sie durch den Reflex des Lichtes von parallelen auf ihrer Oberfläche befindlichen Furchen entstehen, die, wenn sie auf eine weiche Substanz übertragen werden, nach ihrem Erhärten nothwendig dieselbe Erscheinung bedingen, hat einerseits die Technik sich bemüht, farblosen Körpern durch analoge Modification ihrer Oberfläche jene glänzenden Farben zu geben, anderntheils ist die Construction sehr feiner Gitter auch eine wissenschaftliche Aufgabe geworden, indem nur durch solche die Gesetze jener optischen Phänomene abgeleitet werden konnten. Während daher in England die sonst berühmten Glasgitter von Coventry, welche 500 parallele Striche auf den Zoll enthalten, weit von Barton übertroffen wurden, welcher mit einer von Harrison verfertigten Maschine 2000 genau gleich weit abstehende Linien auf Stahl riss, die, wenn sie auf Messing eingeschlagen wurden, die schönsten irisirenden Farben zeigten, ja, unter günstigen Umständen sogar 10000 Linien auf einen Zoll neben einander zu legen vermochte, welches auch Dollond bei Glasgittern gelang, so vervollkommnete sich diese Kunst in Deutschland, wo man bisher die Gitter von Tiedemann und Schröter geschätzt hatte, durch Frauenhofer in einer Weise, die man ohne ihn auch jetzt noch für unmöglich halten würde. Es ist bekannt, dass die Homogeneität der durch diese Gitter entstandenen Spectra ein sehr scharfes Prüfungsmittel für den gleichen Abstand der Streifen und ihre gleiche Dicke giebt, indem nämlich die festen Linien nur bei regelmässigen Gittern erscheinen. Bei einem durch einen Diamant auf Glas geritzten Gitter, wo die Zwischenräume der Striche 0.0001223 Par. Zoll betrugen, war jene Homogeneität in den ersten beiden Spectris vollkommen, hingegen giebt Frauenhofer bei einem Gitter von 32000 Linien auf den Zoll, Fehler von 0.00000031 Zoll zu. Diese zu vermeiden möchte aber, fügt er hinzu, für Menschenhände nicht wohl möglich sein, welcher Maschine man sich auch bediene. Mit welcher wunderbaren Gleichförmigkeit man aber auch jetzt noch solche Theilungen auszuführen vermag, davon überzeugt man sich, wenn man ein von Plössl in 100 Theile auf Glas getheiltes Millimeter bei den starken aber so ausnehmend klaren Vergrösserungen betrachtet, welche in den Mikroskopen von Plössl, Chevalier, Pistor und Schiek, und Amici erreicht sind. Gewöhnlich gehen, weil die Construction quadratischer Gitter noch grössern Schwierigkeiten unterworfen ist, die Parallellinien nur nach einer Richtung, was auch dem Bedürfnisse der Messungen zweier Dimensionen genügt, indem nämlich die mikroskopischen Organismen gewöhnlich in vielen Exemplaren zugleich im Gesichtsfelde wahrgenommen werden, deren verschiedene Lage die Beziehung ihrer Länge und Breite auf die festen Parallellinien gestattet, die Lage unorganischer Gegenstände hingegen auf dem Maafsstabe selbst verändert werden kann, oder umgekehrt, der Maafsstab gedreht, wenn sie ruhen.

Da aber jeder einzelne Theilstrich eine gewisse Breite hat, so ist es bequem, die Theilstriche im Sinne ihrer Länge neben einander zu legen. Diess geschieht durch den Nonius oder Vernier, bei welchem dieselbe Länge zweimal getheilt wird, in n und n — 1 Theile wie früher ein Zeitraum durch die Schläge zweier Uhren. Indem einer der Maafsstäbe, dessen Oberfläche so nahe als möglich in der Ebene des ersten liegt, an dem andern verschoben wird, werden zwei Theilstriche beider für das Auge zusammenfallen, auf der einen Seite die Theilstriche des einen um $\frac{1}{n}$ $\frac{2}{n}$ $\frac{3}{n}$ . . . rechts von denen des andern sich entfernen, auf der andern links. Da nun das Auge, wenn es durch eine grade Linie in Beziehung auf die Aufeinanderfolge einer Anzahl von Punkten orientirt ist, die leiseste Abweichung von der ihm zu verfolgen angewiesenen Richtung wahrnimmt, so kann es durch die auf beiden Seiten der coincidirenden Striche entgegengesetzte Abweichung der im Sinne der Länge zusammengelegten Striche mit einer schwachen Loupe bewaffnet bei guter Theilung $\frac{1}{100}$ Millimeter bequem unterscheiden [1]).

1) Mit dem ihm eigenthümlichen Scharfsinn hat Borda die relative Ausdehnung der Metalle dadurch gemessen, dass er die auf das eine eingerissene Theilung für die auf das andre Metall verzeichnete als Nonius anwendete. Auf demselben Princip beruht die Methode des Justirens der Länge der Arme einer Waage durch Bewegung zweier Schrauben, von denen die eine n, die andre n — 1 Gänge auf den Zoll hat.

Während die Einrichtung des Nonius auf der arithmetischen Ueberlegung beruht, dass $\frac{1}{n-1} - \frac{1}{n} = \frac{1}{n} \cdot \frac{1}{n-1}$, gründet sich die dritte Theilungsmethode, die durch Transversalen, welche man bei den kleineren Maafsstäben der Reisszeuge häufig anwendet, auf den geometrischen Satz, dass, wenn man die Schenkel eines Winkels durch ein System Parallellinien durchschneidet, die Entfernungen der Durchschnittspunkte des einen Schenkels von denen des andern in demselben Verhältnisse stehen, als ihre Entfernungen vom Scheitel des Winkels. Bilden also die letzteren die Reihefolge der natürlichen Zahlen, so werden es auch die Abschnitte der Parallellinien. Der eine Schenkel des Winkels ist die Diagonale eines Rechtecks von bedeutender Höhe und kleiner Grundlinie, bei Decimalmaass durch 10, bei Duodecimalmaass durch 12 Parallelen getheilt.

Bei der *division en mosaique ou par intersections* werden die Theilungspunkte durch den Durchschnitt auf einander rechtwinkliger grader Theilstriche angegeben, welche, indem sie wie die Stäbe eines Fenstergitters einander kreuzen, durch den auf der Länge des Maasses senkrechten Faden des Mikroskops bisectirt werden, und dadurch unmittelbar noch einmal so viele Theile geben, weil, wenn der Faden durch die 2te, 4te, 6te Reihe der Theilungspunkte geht, er die 1ste, 3te, 5te halbirt.

Die indirecten Methoden der Theilung lassen sich darauf zurückführen, dass man eine grössere Länge misst, aus welcher die kleinere Länge welche man bestimmen will, geschlossen werden kann. Der Vortheil hierbei ist, dass, da die directe Theilung nur bis zu einer bestimmten Grenze getrieben werden kann, man diese, indem man sie in Beziehung auf die grössere Länge erreicht, in Beziehung auf die kleinere überschreitet. Es lassen sich hierbei vorzugsweise 4 Arten unterscheiden:

1) Man misst die Hypotenuse eines rechtwinkligen Dreiecks, und bestimmt die Cathete aus der bekannten Neigung beider.

2) Man bestimmt aus der Länge einer Cathete eines rechtwinkligen Dreiecks und einem Winkel desselben die Länge der andern.

3) Man misst den Bogen eines grösseren Kreises, und bestimmt den Bogen eines kleineren concentrischen Kreises aus dem bekannten Verhältniss ihrer Halbmesser.

4) Man verbindet die 1ste und 3te Methode mit einander.

1) Der ersten Methode bediente man sich früher bei Barometern, deren Röhre man schiefwinklig umbog, weil es bei dem hydrostatischen Druck nur auf den lothrechten Abstand der Niveaus ankommt. Jetzt wendet man sie noch bei der Messung kleiner Entfernungen zweier Körper an, indem man zwischen dieselben einen gläsernen Keil eindrückt, dessen vollkommen eben geschliffene Seiten einen sehr spitzen Winkel mit einander machen. Auf einer derselben ist die Theilung im Verhältniss der hierdurch erhaltenen Vergrösserung verzeichnet. Ihre wichtigste Anwendung findet sie aber bei der Messung durch Schraubengänge. Die Hypotenuse des rechtwinkligen Dreiecks windet sich hier als Spirale um einen gra-

den Cylinder, dessen Achse die zu messende Entfernung ist.

2) Zu der **zweiten** Methode können die **Niveaufühlhebel** von **Repsold** gerechnet werden. Ist nämlich eine feste Stange um einen ihrer Punkte beweglich, so wird ein auf dem einen Schenkel dieses zweiarmigen Hebels befindliches Niveau die Abweichung von der horizontalen Stellung angeben. Wollten wir nun z. B. das Fortrücken des Endpunktes eines lothrechten Stabes bestimmen, so ist klar, dass die Grösse dieses Fortrückens, wenn jener Endpunkt im Zustand der Ruhe den horizontalen Fühlhebel berührt, gleich sein wird der senkrechten Entfernung des Drehungspunktes des Hebels von der lothrechten Stange, multiplicirt in die Tangente des am Niveau abgelesenen Winkels, es daher vortheilhaft ist, jene Entfernung klein zu machen.

3) Da bei der Drehung eines ungleichschenkligen Hebels die Endpunkte desselben, wenn die Drehung in einer Ebene geschieht, concentrische Kreise beschreiben, deren gemeinschaftlicher Mittelpunkt der Drehungspunkt ist, die von den Endpunkten durchlaufenen Wege sich also wie ihre Abstände vom Drehungspunkte verhalten, so lässt man den Punkt, dessen Fortrücken bestimmt werden soll, auf den kürzeren Schenkel des Hebels wirken, und bestimmt seinen Weg auf der am Endpunkte des längeren befindlichen Kreistheilung. Diese Einrichtung hat der **Comparateur** von **Lenoir**[1]). Bei den **doppelten Fühlhebeln**

1) Die genaue durch Zeichnungen erläuterte Beschreibung desselben findet sich *Bas. du syst. metr.* 3. 447, die

von Repsold wirkt der längere Schenkel des ersten Hebels auf den kürzern eines zweiten, wodurch eine neue Vergrösserung bewirkt wird. Da bei dem einfachen Fühlhebel eine unverhältnissmässige Vergrösserung des längeren Schenkels schwierig ist, so substituirt man statt desselben die Sehelinie eines Fernrohrs, dessen Drehung man an einer entferntern Skale abliest. Eines solchen Apparates bedienten sich Lavoisier und Laplace bei der Bestimmung der Ausdehnung der Metalle zwischen der Temperatur des schmelzenden Eises und kochenden Wassers, und man sieht leicht, dass diese Messungsmethoden auf die Mittel zurückkommen, durch welche man bei den Hygrometern von Saussure und Deluc die hygroskopischen Verlängerungen des Haares und Fischbeins, bei den Pyrometern von Muschenbroek und den neueren Metallthermometern von Breguet, Kessels und Winerl die durch die Wärme bewirkten Ausdehnungen der Metalle, bei dem Radbarometer von Hooke die Veränderungen des Niveauunterschiedes zu vergrössern sucht.

4) Die Mikrometerschraube endlich ist eine Verbindung der ersten und dritten Vergrösserungsmethode. Der Kopf der Schraube ist der grössere Kreis, an dessen Umfang die Umdrehung des Cylinders bestimmt wird, um dessen Oberfläche die Hypotenuse des Dreiecks sich windet, dessen Cathete gemessen werden soll.

So wie man nun kleinere Distanzen dadurch

eines aus 3 Fühlhebeln bestehenden im Wiener polytechnischen Institute gefertigten im 18ten Bande der Jahrbücher des Wiener polytechnischen Institutes.

ermittelt, dass man grössere misst, mit denen jene in einem bekannten Verhältnisse stehen, so verfährt man ganz analog bei der mechanischen Theilung. Diese geschieht entweder dadurch, dass man Parallellinien durch die Theilungspunkte eines schon getheilten Maafsstabes legt, welche die zu theilende Länge durchschneiden oder durch die Längentheilmaschine, deren Einrichtung mit den mikroskopischen Verbesserungen am Reisserwerke durch Hindley, Ramsden, Troughton, Fortin, Kater[1]) und Pistor ziemlich noch dieselbe ist, welche sie von dem Herzoge von Chaulnes erhalten hat, und im wesentlichen auf der Fortführung eines Schlittens durch eine feine Schraube beruht, dessen Schneidestift nach einer bestimmten Drehung des Schraubenkopfes unter dem Mikroskope den Strich einreisst [2]). Das Verfahren bei der Vergrösserungsmethode durch ungleich lange Hebelarme findet aber sein entsprechendes Verfahren in der Theilung durch den Proportionalzirkel, bei welchem die zwischen den Winkelspitzen gefassten Längen die Sehnen ähnlicher Bogen concentrischer Kreise sind.

Hierher kann auch die Einrichtung der neue-

---

1) *An account of the comparison of various British Standards. Ph. Tr.* 1821. 75.

2) Auf ähnliche Art erhält man beliebig kleinere Theile einer grösseren Bewegung, wenn man an einem lothrechten Drathe, der an seinem untern Ende durch ein Gewicht gespannt ist, durch Vergrösserung desselben und dadurch bewirkte Verlängerung des ganzen Drahtes einen vom Aufhängungspunkte beliebig entfernte Stift, der am Drahte befestigt ist, herabbewegt.

ren Kreistheilmaschine gerechnet werden, bei welcher die ein für allemal gemachte Eintheilung eines Kreises auf die zu verfertigenden Instrumente eben so vollkommen übertragen wird, als sie auf dem Musterkreise bereits vorhanden ist. Diess Uebertragen hat, wenn es mit Genauigkeit geschehen kann, den wesentlichen Vortheil, dass die Schwierigkeit der wirklichen Theilung des Kreisumfanges nur einmal zu überwinden ist, während eine Methode wie die von Bird[1]), welche von der Bestimmung des Bogens von 60 Grad durch die gemessene Länge des Radius ausgeht und dann durch Halbiren fortschreitet, eigentlich die Aufgabe immer von Neuem zu lösen hat. Verbesserungen wie die von Cavendish[2]), das Einsetzen der Spitze des Stangenzirkels in den bereits gezogenen Theilstrich durch ein Mikroskop zu vermeiden, berühren das Wesen nicht. Während Ramsden[3]) die Theilung des Kreises von einer Schraubentheilung abhängig machte, berichtigte Troughton[4]) die Fehler der vorläufigen Theilung durch

1) Bird *the method of dividing Astronomical Instruments. London* 1764. 4. — Bird *the method of constructing mural quadrants, exemplified by a description of the Brass Mural Quadrant in the Royal Observatory at Greenwich. London* 1768. 4. — Le Monnier *description et usage des principaux instruments d'astronomie. Paris* 1774.

2) Cavendish *on an improvement in the Manner of dividing astronomical Instruments. Phil. Trans.* 1809. 221.

3) Ramsden *description of a dividing engine. London.*

4) Edward Troughton *an account of a method of dividing Astronomical and other Instruments by ocular Inspection; in which the usual Tools for graduating are not employed; the whole Operation being so contrived, that no*

2 um 180 Grad derselben von einander entfernte Mikroskope, deren diametrale Stellung dadurch geprüft wird, dass man sieht, ob eine halbe Drehung des Kreises beide Theilstriche zugleich wieder unter die Fadenkreuze der Mikroskope bringt. So Vollendetes aber auch Ramsden für kleinere Instrumente geleistet hat, und so bewährt selbst bei grösseren Instrumenten Troughtons Correctionsmethode in der letzten Ausführung sich zeigte, so ist doch die grosse Vollendung der jetzigen Instrumente erst durch ein Theilungsprincip möglich geworden, welches der Herzog von Chaulnes[1]), von Reichenbach[2]) und Kater[3]) unabhängig von einander fanden, dessen unübertroffene Ausführung aber Reichenbachs alleiniges Verdienst ist. Wie

---

Error can occur but what is chargeable to Vision, when assisted by the best optical Means of viewing and measuring minute Quantities. Phil. Trans. 1809. 105.

1) Duc de Chaulnes *nouvelle méthode pour diviser les instruments de mathématique et d'astronomie. Paris. fol.* 1768.

2) v. Reichenbach Berichtigung der von Herrn Mechanikus Liebherr in München abgegebenen Erklärung über die Erfindung meiner Kreiseintheilungsmethode. Gilbert Annalen 68. 33. — Treviranus Beschreibung einer Methode mittelst zweier Alhidaden und mikroskopischer Hülfe den Kreis einer Theilmaschine zum Behuf der Theilung mathematischer Instrumente einzutheilen. Gilbert Annalen 69. 367.

3) Kater *an improved method of dividing Astronomical Circles and other Instruments. Phil. Trans.* 1814. 419. — Pistor Nachricht über eine in Berlin erbaute Theilmaschine für Kreise, nebst einer Vergleichung ihrer Theilung mit den neuerdings bekannt gewordenen Resultaten einer von dem *Board of Longitudes* zu London angestellten Untersuchung über die vor einigen Jahren erbaute neue Theilmaschine von Allan. Berlin 1820. 8.

der Musterkreis ohne vorbezeichnete Marke, durch abwechselndes Fortschreiten zweier auf der gemeinschaftlichen stählernen Achse ruhender von einander unabhängig beweglicher Alhidaden, in eine beliebige Anzahl gleicher Theile getheilt und wie die fertige Theilung eines Kreises auf einen concentrisch befestigten übertragen werde, muss in den angeführten durch Zeichnungen erläuterten Abhandlungen nachgelesen werden. Dass bei der wirklichen Ausführung der Theilung die Temperaturänderungen des Metalls wie bei der genauen Zeittheilung ein bedeutendes Hinderniss sind, geht daraus hervor, dass, wenn ein Punkt des Kreises nur einen Fahrenheitschen Grad wärmer als der ihm diametral gegenüberstehende ist, der jenem zugehörige Halbkreis 2 Secunden grösser ist, als der, in dessen Mitte der letztere liegt. Dennoch ist die Theilung Reichenbachscher grösserer Kreise bis $\frac{1}{2}$ ja bis $\frac{1}{4}$ Secunde genau.

Fragt man nun, welche der Messungs- und Theilungsmethoden vorzüglich zu empfehlen sei, welche Grenze der Genauigkeit wir überhaupt zu erreichen hoffen dürfen, so wird diess auf die Beantwortung der Fragen hinauskommen, was sieht das mit dem Mikroskope bewaffnete Auge, was fühlt die Hand vermittelst der Schraube und des Keils? Smeaton gab dem Gefühl bei weitem den Vorzug, da er fand, dass man bei der Berührung durch die Schraube $\frac{1}{60000}$ Zoll zu unterscheiden vermöchte. Er schätzte die Bestimmung durch das Auge nur auf $\frac{1}{4000}$ Zoll, wogegen aber Troughton bemerkt, dass man mit den Mikroskopen an seiner Theilmaschine die Coincidenz des Fadenkreuzes mit einer Linie auf $\frac{1}{50000}$ Zoll sicher erhalte, und dass es Smeaton eben so schwer fallen würde den Unterschied des gefühlten $\frac{1}{80000}$ und des gesehenen $\frac{1}{50000}$ durch das Gefühl anzugeben, als ihm durch das Auge. Ohne solche mikroskopische Vorrichtungen ist aber die zu erhaltende Genauigkeit viel geringer, denn Reichenbach sagt ausdrücklich: „ich bin durch die allerschärfsten mit jeder denkbaren Vorsicht angestellten Versuche belehrt worden, dass ich mit den besten Stangenzirkeln, trotz meiner scharfen und dabei mit guten Loupen bewaffneten Augen und ohnerachtet meiner festen Hand, die Gleichheit der Theile einer auf Metall wirklich vollzogenen Theilung höchstens nur bis auf $\frac{1}{3000}$ eines Zolles verbürgen kann.“ Mit einem dreissigmal vergrössernden guten Mikroskop erhielt er aber eine 8mal grössere Schärfe. Vermittelst desselben können nämlich zwei äusserst zarte auf Silber auf den Limbus und die Alhidade einer Kreistheilmaschine gezogene und eingeschwärzte Linien mit gesundem Auge und bei der erforderlichen Aufmerksamkeit immer so scharf auf einander eingestellt werden, dass der Fehler nie über $\frac{1}{25000}$ Zoll beträgt. Doch giebt auch er dem Gefühl den Vorzug, da, als er die Schritte der Alhidaden statt durch Einstellen der Linien mittelst zusammengesetzter Fühlhebel begrenzte, eine Sicherheit von 0.000003 also eine grössere als $\frac{1}{300000}$ Zoll ohne ausserordentliche Anstrengung erlangt wurde. Ebenso erhielt Stampfer mit einem dioptrischen Comparateur die Vergleichung zweier Maasse auf $\frac{1}{5000}$ Linie gegenau, mit einem aus 3 Fühlhebeln bestehenden hingegen bis auf $\frac{1}{10000}$ und darüber. Dass aber durch Combination des Gesichtssinnes und des Gefühls, indem man z. B. ein stark vergrösserndes Mikroskop auf den längeren Schenkel eines Fühlhebels einstellt, an dessen kürzeren Schenkel die bewegende Kraft wirkt, indirect noch kleinere Bewegungen wahrgenommen werden können, habe ich bei den Versuchen gesehen, welche Bessel anstellte, um zu ermitteln, ob die Schneide eines schwingenden Pendels durch die Schwingungen selbst auf ihren Unterlagen eine kleine Bewegung erhalte, bei welchen Versuchen Bewegungen von $\frac{1}{480000}$ eines Zolls wahrgenommen wurden, und werden alle die leicht zugeben, welche die Empfindlichkeit Repsoldscher Fühlhebel in der Werkstatt dieses grossen Künstlers zu bewundern Gelegenheit hatten. Ob in der nicht vollkommenen Härte der Substanzen eine Grenze beliebiger Vergrösserung durch das Gefühl gesetzt sei, ist durch Versuche nicht einmal näherungsweise bestimmt. Dass es hingegen in dem Sehevermögen durch Mikroskope keine Grenze gebe, wird gewöhnlich als sich von selbst verstehend angenommen. Es scheint, mir aber die entgegengesetzte Ansicht von Fraunhofer, eben weil sie von Fraunhofer ausgesprochen ist, einer strengeren Widerlegung zu bedürfen, als Herschels Aeusserung, der sie „*a conclusion, which we cannot regard as following from the promises*“ nennt. Fraunhofer findet nämlich nach der von ihm aus seinen Versuchen mit Glasgittern abgeleiteten Formel für die Ablenkungswinkel des Lichtes durch solch ein Gitter, dass, wenn der Abstand der Mitte der Zwischenräume desselben kleiner als die Wellenlänge für eine bestimmte Farbe ist, der Ausdruck für den Ablenkungswinkel derselben unmöglich wird, dass also, wenn weisses Licht ein Gitter durchdringt, wo jene Distanz kleiner als die kleinste Wellenlänge ist, keine Seitenspectra entstehen, sondern nur die unabgelenkte weisse Mitte erscheint, d. h. dass das Gitter auf das Licht grade so wirkt als wenn es nicht vorhanden wäre, woraus er schliesst, dass, da dasselbe für die durch Reflexion entstehenden Spectra gelte, es durch kein Mittel möglich sei, Grössen sichtbar zu machen, welche kleiner als die kleinste Wellenlänge sind [1]), ein mi-

---

1) Der Schluss, dass Flüssigkeiten eben sind, weil sie das Licht regelmässig reflectiren, wäre hiernach nicht streng. Mit welcher Schärfe aber die geringste Krümmung einer spiegelnden Oberfläche beobachtet werden kann, geht daraus hervor, dass die durch Reflexion von einem Wasserhorizont in einem Fraunhoferschen Fernrohr von 48,2 Linien Oeffnung mit 182maliger Vergrösserung bei unverrücktem Ocular erhaltenen Bilder des Polarsterns nicht immer vollkommen deutlich in einem Gefässe von 18 Zoll Länge und 12 Zoll Breite erhalten wurden, hingegen kein Unterschied der Deutlichkeit zwischen dem directen und reflectirten Bilde wahrgenommen wurde, wenn die Spiegelung auf der Mitte eines 3 Fuss weiten Gefässes geschah (Königsberg. astron. Nachricht. 6. 9). Ebenso fand Hansteen mit dem Fernrohr eines Sextanten, dass nur der mittlere Theil des künstlichen Horizontes völlig eben ist, dass aber an einem Quecksilberhorizont der convexe Rand weit schmaler ist als der concave an einem Oelhorizont. Glashorizonte so geprüft erwiesen sich in der Regel als cylindrisch. Da ein mit sehr grosser Geschwindigkeit gedrehter Kreisel, wenn er einige Pfund schwer ist, und auf einem mit Oel befeuchteten

kroskopischer Gegenstand also, der aus 2 Theilen besteht, wenn er jene Grösse hat, nicht mehr als aus 2 Theilen bestehend erkannt werden könne, es demnach eine Grenze des Sehevermögens durch Mikroskope gebe. Dass wir sehr dünne Körper mit blossem Auge wohl nur vermittelst der Vergrösserung durch die an ihren Rändern entstehenden Spectra wahrnehmen, ist dadurch wahrscheinlich, dass wir Spinnefäden, wo diese Farben am lebhaftesten sich zeigen, gegen Licht mit blossem Auge wahrnehmen, obgleich ihre Dicke nur $\frac{1}{7000}$ Linie beträgt, während hingegen quadratische Grössen von höchstens $\frac{1}{48}$ Linie Seite mit dem blossen Auge erkannt werden, aus welchen von ihm gegebenen Bestimmungen Ehrenberg schliesst, dass mit den Amicischen Mikroskopen $\frac{1}{144000}$ Linie beobachtet werden könne, wodurch eine empirische Prüfung des Schlusses von Frauenhofer möglich scheint, da hingegen Robert Brown $\frac{1}{8000}$ bis $\frac{1}{8500}$ Linie als Grösse der kleinsten zu beobachteten Theilchen angiebt, Plateau hingegen als Grenzen des Sehewinkels überhaupt folgende Zahlen:

Porzellanteller sich dreht, über eine halbe Stunde fest zu stehen scheint, wenn er genau rund abgedreht ist, so begreift man die Möglichkeit, einen oben eben geschliffenen und gut polirten Kreisel als künstlichen Horizont auf einem nicht festen Boden anzuwenden. In wie fern aber ein solcher Apparat, welcher von Troughton verfertigt der Parry schen Nordpolexpedition mitgegeben wurde, die Prüfung durch ein etwas stärkeres Fernrohr verträgt, wäre wünschenswerth genau zu untersuchen.

im Schatten		im Sonnenschein
Weiss	18″	12″
Gelb	19″	13″
Roth	31″	23″
Blau	42″	26″ [1])

---

1) Da die eben angeführten Betrachtungen über eine Grenze des Sehevermögens, in so fern sie nicht directe Resultate empirischer Erfahrungen sind, von dem Standpunkte der Wellentheorie des Lichtes aus angestellt wurden, so kann man fragen, ob die Emanationstheorie zu ähnlichen Schlüssen führt. Es ist bekannt, dass der in der Mitte der Neutonschen Farbenringe sich zeigende schwarze Fleck über den Berührungspunkt sich ausdehnt, dass also die Luftschicht, welche eben noch mit den glänzendsten Farben erschien, wenn ihre Dicke diese Grenze erreicht, vollkommen unsichtbar wird. Die also, welche nach den interessanten Versuchen von Huyghens über die Anziehung ebener, durch einen Coconfaden getrennter, also einander nicht berührender Glasplatten mit Robison, der die hierher gehörigen Erscheinungen am ausführlichsten in seinem *system of mechanical philosophy* betrachtet, annehmen, dass selbst in der Mitte desselben keine wirkliche Berührung statt finde, werden zugeben, dass, wenn das Licht an die Hinterfläche einer solchen Schicht gelangt, an keinem einzigen Theilchen die Anwandlung umzukehren wahrgenommen werde, sondern alle ihren Weg fortsetzen, als wenn die Schicht nicht da wäre, durchsichtige Körper also, wenn eine ihrer räumlichen Dimensionen so weit verkleinert ist, für das Auge nicht existiren, selbst wenn ihre Oberfläche genau dieselbe ist, als die bei grösserer Dicke des Körpers lebhaft spiegelnde. Dass aber diese Schlüsse von der Annahme des Nichtberührens unabhängig sind, zeigen die Seifenblasen, bei denen der schwarze Fleck schon eine merkliche Zeit vor dem Zerspringen erscheint. In diesem Sinne scheint mir nun auch der Ausspruch von Frauenhofer verstanden werden zu müssen, nicht aber

B. Flächen werden immer durch lineare Messungen bestimmt oder durch Rechnung aus Messung von Körpern.

C. Körper misst man häufig durch indirecte Methoden, z. B. durch das Gewicht. Kommt es nur darauf an, die Grösse des Raumes zu bestimmen, welchen ein Körper einnimmt, nicht aber die Gestalt desselben, so erhält man jene durch eine Wägung im Wasser. Denn da die Gewichtsstücke nichts anders sind, als die Gewichte bestimmter Volumina Wasser, so ist jede Wägung einer Wassermasse eine Raumbestimmung. Da nun jeder Körper im Wasser so viel an seinem Gewichte verliert, als das Gewicht des verdrängten Wassers beträgt, so giebt der Gewichtsverlust des Körpers im Wasser unmittelbar die Grösse des Raumes, welchen er einnimmt. Ist hingegen die Dichtigkeit des Körpers bekannt, so erhält man das verlangte

so, als wenn ein selbstleuchtender Körper zu jener Dünne gebracht unsichtbar würde. Denken wir uns nämlich jenen Theil der Seifenblase als mikroskopischen Gegenstand betrachtet, so wird er nicht vergrössert werden, weil er überhaupt kein Licht durch Reflexion nach dem Objectiv sendet. In der Natur der gefurchten Fläche liegt es, dass sie das Licht nicht nach dem Gesetze der regelmässigen Reflexion zurücksendet. Ergiebt sich aber aus den oben erörterten Interferenzerscheinungen, dass für einen bestimmten Abstand der Furchen das Licht regelmässig reflectirt wird, d. h. parallelle Strahlen parallel, so werden die auf das Objectiv fallenden Strahlen in denselben Punkten vereinigt werden, an welchen sie vereinigt würden, wenn die das Licht zurücksendende Fläche eine vollkommene Ebene wäre: d. h. die Furchen werden nicht erkannt werden.

Gewicht einer gleich grossen Wassermasse, wenn man sein Gewicht durch seine Dichtigkeit dividirt. Diese Methoden können auch zu Bestimmungen einer Dimension angewendet werden, wenn, wie bei einer Kugel der Radius, sich diese leicht aus dem Volumen berechnen lässt, wobei natürlich immer der Wärmegrad des Wassers berücksichtigt werden muss. Häufig werden sie auch gebraucht, um durch Gewicht und Messung einer Dimension die andre zu finden. So bestimmt man die Dicke cylindrischer Drähte aus dem Gewicht einer bestimmten Länge, den Durchmesser der Haarröhrchen aus dem Gewicht eines sie in einer bestimmten Ausdehnung füllenden Quecksilberfadens. Ist das zu bestimmende Volumen der Inhalt eines Gefässes, so wird es leer und gefüllt gewogen, ist es eine Luftart, so wird die Grösse des Gefässes bestimmt, welches sie enthält. Der körperliche Inhalt eines festen Körpers kann auch dadurch gefunden werden, dass man ihn in ein dem Volumen nach getheiltes Gefäss, welches bis zu einem bestimmten Theilstrich mit einer Flüssigkeit gefüllt ist, hineinlegt, und beobachtet wie viel durch sein Eintauchen die Flüssigkeit steigt. Soll aber das Volumen eines pulverförmigen Körpers gemessen werden, so bedient man sich des Stereometer, eines von Say schon im Jahre 1798 angegebenen aber erst neuerdings von Leslie verbesserten Apparates, dessen Einrichtung durch folgende Betrachtung sich erläutern lässt. Da die Elasticität einer Luftmasse sich bei gleichbleibender Temperatur wie ihre Dichtigkeit verhält, so wird, wenn eine Luftmasse ihr Volumen verdoppelt, ihre Elasticität die Hälfte werden. Taucht man eine an beiden Enden offne nicht capillare Röhre in Quecksilber ein, so wird das Quecksilber in und auswendig gleich hoch stehen. Schliesst man durch eine mattgeschliffene Glasplatte die offne Röhe an ihrem obern Ende luftdicht ab, und zieht sie in die Höhe, so muss die zwischen der Glasplatte und dem Quecksilberniveau der Röhre abgeschlossene Luftmasse ihr Volumen verdoppelt haben, wenn jenes Niveau 14 Zoll höher als das äussere steht, da, wenn eine Luftmasse 14 Zoll Quecksilber Hülfe bedarf, um den 28 Zoll Druck der Atmosphäre das Gleichgewicht zu halten, ihre Elasticität selbst 14 Zoll sein muss. Misst man nun den Raum, durch welchen das innere Quecksilberniveau bei dem Hinaufziehen der Röhre sank, so erhält man ein dem ursprünglichen Volumen gleiches, wodurch also jenes bestimmt wird. Befindet sich in der Röhre ein pulverförmiger Körper, so wird der Raum, welcher von den festen Theilen desselben eingenommen wird, nicht von Luft eingenommen sein können, das Volumen derselben also verkleinert sein. Diese Verkleinerung, welche der von dem Körper eingenommene Raum ist, erhält man, wenn man jenen Versuch mit dem Körper in der Röhre wiederholt, und das zweite Resultat vom ersten abzieht.

Die Theilung eines Volumens in gleiche Theile lässt sich, wenn die Gestalt eine einfach geometrische ist, häufig auf lineare Theilung zurückführen. So theilen wir die Skalen der Thermometer, deren Röhren cylindrisch sind, in gleich lange Grade, weil Cylinder von gleichem Durchmesser sich wie ihre Höhen verhalten, eben so

Manometer, bei welchen wir durch Zusammendrückung einer in einem Cylinder abgeschlossenen Luftmasse nach dem Mariottischen Gesetz die Elasticität der auf die sperrende Flüssigkeit drückenden Gase oder Dämpfe bestimmen. Ist aber die Form des Gefässes unregelmässig, so würde die geometrische Theilung oft unausführbar sein. Zur Theilung bedient man sich daher einer Flüssigkeit, welche, nach jeder andern Richtung als nach Oben die Form des Gefässes annehmend, in dem Stande ihrer Oberfläche den Theilstrich bestimmt. Diese Theilstriche werden entweder auf dem Gefäss selbst oder einem daneben befindlichen Streifen von Metal, Glas, Elfenbein oder Milchglas eingerissen und eingeschwärzt, mitunter auch auf einem metallischen Cylinder, welcher die zu theilende Glasröhre umhüllt. Skalen von Milchglas und Elfenbein gestatten gegen einen hellen Hintergrund ein bequemes Ablesen. Papierskalen gebraucht man bei Thermometern, welche, um bequem in Flüssigkeiten eingetaucht werden zu können, von Glascylindern vollkommen umschlossen und dadurch gegen hygroskopische Veränderungen gesichert sind, welches bei den freihängenden Elfenbeinskalen nicht der Fall ist. Papierskalen sind daher auch bei Araeometern sehr gebräuchlich. Gut ist es, wenn die Theilstriche der Skale unter der Röhre durchgezogen sind, weil das Ablesen dann viel sicherer ist. Thermometer mit 2 Skalen nebeneinander sind allmälig immer mehr ausser Gebrauch gekommen, seitdem zu den sonst üblichen Fahrenheitschen und Réaumurschen die Centesimalgrade hinzu gekommen sind. Mitunter aber ist eine doppelte

Eintheilung nöthig, z. B. bei dem Stereometer, da an demselben der barometrische Druck und das Volumen der abgeschlossenen Luft in derselben Röhre bestimmt wird, diese also dem Volumen und der Länge nach getheilt sein muss. Theilungen auf Glas sind am häufigsten bei Gefässen, welche dem Volumen nach in gleiche Theile getheilt sind, z. B. bei Eudiometern.

Ein Gefäss seinem Volumen nach in gleiche Theile theilen, heisst es calibriren. Entweder bestimmt man die gleichen Theile dadurch, dass man nacheinander immer gleiche Volumina, welche entweder durch gleiches Gewicht oder durch Füllen desselben Maasses bestimmt werden, einfüllt, und den Stand der Oberfläche der Flüssigkeit an den Seitenwänden bezeichnet [1]), oder dieselbe Menge Flüssigkeit in dem Gefässe verschiebt und die Theilung des Raumes durch die obere und untere Grenze derselben angiebt. Des zweiten Verfahrens bedient man sich natürlich nur bei dem Calibriren enger Röhren, des ersten bei weiten Gefässen. Das Calibriren der Röhren ist ein doppeltes. Entweder bestimmt man aus der Länge des eingefüllten Quecksilberfadens, um wie viel der folgende Strich von dem vorhergehenden auf der noch zu theilenden Skale abstehen soll, oder man

1) Die Verfertigung eines solchen Maasses aus einer Glasröhre, welche matt abgeschliffen wird, bis die abgestrichene Quecksilbermasse, die es füllt, ein bestimmtes Volumen durch ihr Gewicht bestimmt, so wie das Einreissen der Theilung mittelst eines in einem Kupferringe befindlichen Diamants lehrt Berzelius Lehrbuch der Chemie IV. 2te Abth. Art. Messen.

misst die Länge des Fadens an der hinter der Röhre befindlichen bereits in gleiche Theile getheilten Skale. Bei der ersten von Gay-Lussac[1]) angegebenen Methode erhält man ungleich lange Grade gleichen Volumens, bei der zweiten von Bessel[2]) zur Berichtigung fertiger Thermometer angewendeten Methode berechnet man den Werth der Volumina gleicher Länge. Der Quecksilberfaden wird durch einen kurzen Stoss oder über einer Lichtflamme abgerissen. Ist hingegen das Thermometer sehr eng wie z. B. bei den Psychrometern, so reisst der Faden bei dem Stoss häufig nur an der Kugel ab. Um Fäden von verschiedener Länge zu erhalten, befeuchtet man die mit Baumwolle umwickelte Kugel mit Schwefeläther und reisst den Faden an der Kugel ab, wenn sich das Quecksilber bis zu dem gewünschten Punkte zusammengezogen hat. Es versteht sich von selbst, dass man das Thermometer, ehe man den Faden

---

1) Biot *Traité de physique I. Thermomètre.*

2) Methode die Thermometer zu berichtigen. G. A. 82. 287. Um die Oberfläche des Quecksilbers bei dem Graduiren enger Röhren eben zu erhalten, löst Faraday in 4000 bis 5000 Gran einen Gran Blei auf. Bestimmt man den Theilstrich durch die Berührungslinie an die convexe Krümmung des reinen Quecksilbers, so wird zwar, wenn die Röhre nicht cylindrisch ist, die Höhe der Kuppe nicht dieselbe an verschiedenen Stellen der Röhre bleiben, der Unterschied aber eine zu vernachlässigende Grösse sein. Doch wird der erste Theilstrich fehlerhaft werden. Um diesen Fehler zu berichtigen, genügt es $\frac{1}{3}$ des Inhalts eines Stückes der Röhre, dessen Höhe die Höhe der Kuppe ist, in Rechnung zu bringen.

benutzt, wieder die Temperatur der Umgebung annehmen lässt. Die Prüfung der cylindrischen Gestalt der Röhre und die Berichtigung der Skale geschieht durch Ablesen des obern Endes des Fadens, wenn das untere Ende desselben nach einander den Theilstrichen — 10 . 0 . 10 . 20 . 30 u. s. w. entspricht. Geschieht diese Prüfung mit Fäden von verschiedener Länge, so erhält man durch von einander unabhängige Versuche so viel Bestimmungen für die einzelnen Punkte der Skale als man Fäden anwendete.

So wie das Gewicht eines Körpers zur Bestimmung seines Volumens angewendet wird, so können dazu überhaupt alle physikalischen Qualitäten dienen, wenn das Gesetz ihrer Abhängigkeit von der räumlichen Grösse bekannt ist. Weiss man, in welchem Verhältnisse die Länge der gehobenen Flüssigkeitssäule zur Weite des Capillarröhrchens steht, so lässt sich diese bestimmen, wenn jene gemessen ist. Die Länge des Pendels wird aus seinen Schwingungen berechnet, ebenso kann der mittlere Gang eines nicht compensirten zur Bestimmung der mittleren Temperatur des Zeitraums, in welchem es schwang, dienen, indem die Veränderungen seiner Schwingungen ein eben so empfindliches Thermometer abgeben, als die Aenderung der Höhe des Tones einer gespannten Saite, wenn ihre Spannung mit der Wärme sich ändert. Durch den Ton der Pfeife misst man in verschiedenen Luftarten die Distanz, bis zu welcher der Schall in einer Secunde sich in ihnen fortpflanzen würde; der Longitudinalton eines festen Stabes leistet dasselbe für feste Körper. Aus der Aenderung der Winkel eines Krystalls folgt die ungleiche thermische Verlängerung seiner Achsen, wie aus den in seinen optischen Eigenschaften erkannten Differenzen. Die Dicke eines Glimmerblattes wird aus ihrer Farbe in geradlinig polarisirtem Lichte erkannt, wie die des leisesten Hauches auf einer Glasplatte aus den an ihr hervortretenden Farben. In Young's Eriometer ist es die Beugung, welche den Durchmesser kleiner Objecte bestimmt, in dem Fernrohr von Rochon die doppelte Strahlenbrechung, durch welche der Feldherr die Entfernung des Feindes zu erfahren sucht. Aus der Wärme des kochenden Wassers können wir bestimmen, in welcher Höhe über dem Meere wir uns befinden, so wie aus der Temperatur eines in die Tiefe des Meeres herabgesenkten Thermometers die gefahrvolle Untiefe ahnen, noch ehe das Senkblei den Boden fasst. Das Volumen des bei der Detonation verschwindenden Wasserstoffs bestimmt im Eudiometer die Menge des vorhandenen Sauerstoffs, wie der Gewichts- oder Volumensverlust des Quecksilbers bei den Ausflussthermometern die Temperatur des Raumes, in welchem es sich befand. Man beklagt sich oft darüber, dass in jede Erscheinung so viele Bedingungen eintreten, deren Gesammtresultat sie ist; auf der andern Seite erleichtert diess aber ihre Erkenntniss. Es giebt viele Eingänge in die Natur; ist einer verschlossen, so finden wir den andern geöffnet.

3. Messen der Materie.

Unser subjectives Gefühl giebt uns ein zu unsicheres Urtheil über das Gewicht eines Körpers, um es als Maass desselben anzuwenden. Alle unsere Wägungen sind daher objectiver Art, obgleich durch Uebung unser Gefühl sich wohl so schärfen liesse, dass es uns zu ungefähren Schätzungen dienen könnte; denn Wolff unterschied an Speciesthalern, die er auf den Fingern wog, bei einem Unterschiede von $\frac{2}{7}$ Gran den schwereren von dem leichteren, wenn er durch Hinaufbewegen der Hand den Unterschied bemerklicher machte [1]).

Bei objectiven Wägungen verfährt man auf doppelte Art:

1) Man bringt durch Gewichtsstücke dieselbe mechanische Wirkung hervor, als vorher durch die zu wägende Substanz. Diess ist das von Borda aufgestellte Princip der doppelten Wägung.

2) Man hebt die mechanische Wirkung des zu wägenden Körpers durch Gewichtsstücke auf, welche durch irgend eine Vorrichtung so mit ihm verbunden sind, dass sie nach entgegengesetzter Richtung wirken.

Die mechanische Wirkung selbst ist vorzugsweise dreifacher Art:

1) die Formänderung eines elastischen Körpers;

2) die Drehung eines Hebels;

3) die Veränderung des Niveaus einer Flüssigkeit.

---

1) Diese Uebungen, sagt er, dadurch man in Bemerkung des Unterschiedes der Schwere geschickter wird, gehören mit unter die Pflichten von Verbesserung der Sinnen.

Die Waagen zerfallen daher in 3 Klassen. Sie gründen sich nämlich:

1) auf Elasticität; diess sind:
   a. die Federwaagen und Dynamometer;
   b. die Torsionswaagen;
2) auf die Gesetze des Hebels, nämlich:
   a. die Schaal- oder Gleichwaagen;
   b. die Schnellwaagen;
   c. die Zeigerwaagen;
3) sie beruhen auf hydrostatischem Druck, nämlich:
   a. die Aräometer;
   b. die Senkwaagen.

Die oben angegebenen beiden Wägungsmethoden auf diese 3 verschiedenen Klassen angewendet geben demnach folgende Verfahrungsarten:

1) a. Man bringt die Theile eines elastischen Körpers aus ihrer natürlichen Lage des Gleichgewichts in eine andere zuerst durch den Körper, dann in dieselbe durch Gewichtsstücke.

   b. Man hält eine an einem Hebelarme befindliche Last an dem andern Arme zuerst durch den Körper, dann durch Gewichtsstücke.

   c. Man beschwert einen schwimmenden Körper, bis er zu einer bestimmten Tiefe eintaucht, zuerst durch den Körper, dann durch Gewichtsstücke.

2) a. Man hebt die Drehung oder Biegung eines elastischen Körpers, welche durch den zu wägenden Körper, wenn er allein wirkte, hervorgebracht werden würde, durch nach entgegengesetzter Richtung wirkende Gewichtsstücke auf.

b. Man hebt die Drehung eines zweiarmigen Hebels, welche durch den an dem einen seiner Arme befestigten Körper entstehen will, durch am andern Arme wirkende Gewichtsstücke auf.

c. Man hebt das Fallen eines Körpers dadurch auf, dass man ihn in eine schwerere Flüssigkeit taucht.

1. Elasticitätswaagen.

Die Form eines elastischen Körpers kann auf dreierlei Weise geändert werden, durch Ziehen, Biegen und Drehen. Die Schwingungen, durch welche er sich selbst überlassen in den Zustand des Gleichgewichts zurückkehrt, sind im ersten Falle longitudinale, die durch Biegen entstehenden: transversale, die im letztern Falle hervorgerufenen hingegen: drehende. Wie man longitudinale Aenderungen eines elastischen Körpers zu Gewichtsbestimmungen anwenden könne, ist früher schon angegeben worden. Der Körper aber, welchen man biegt, ist entweder eine einfache Feder, oder eine ebene oder cylindrische Spirale. Wesentlich dabei ist, derselben durch Anlassen den Grad der Elasticität zu geben, dass sie nach Fortnahme des ziehenden Gewichts genau wieder ihre ursprüngliche Form annehme. Eine zu starke Belastung muss daher sorgfältig vermieden werden. Die Form der Federwaagen ist nach der Grösse der zu bestimmenden Gewichte sehr verschieden. Bei einigen wird eine in einen Kreis gebogene in einem runden Gehäuse befindliche elastische Feder an ihrem freien Ende nach innen gezogen und dadurch ein Zeiger bewegt, welcher an dem auf dem Gehäuse befindlichen Zifferblatte die angewendete Kraft angiebt. Bei den Federwaagen von Hanin wird eine cylindrische Spirale durch den Körper zusammengedrückt, welcher unter derselben angehängt ist, bei denen von Salter wird hingegen die Spirale durch das ziehende Gewicht verlängert. Beide empfehlen sich durch ihre geringe Grösse, da die cylindrische Spirale für Waagen, welche bis 50 Pfund wägen, in einer Röhre von 4 Zoll Länge und $\frac{3}{4}$ Zoll Durchmesser eingeschlossen ist. Da die Elasticität abnimmt, wenn die Wärme steigt, so zieht man für jeden Fahrenheitschen Grad $\frac{1}{5000}$ des angezeigten Gewichtes ab. In den verschiedenen Formen, welche Federwaagen als Dynamometer von le Roy, Regnier, Salmon erhalten haben, wird statt unter der Feder entwerde an den Enden einer auf sie drückenden Queerstange gezogen, oder an Hebeln, die mit der Feder auf andere Weise verbunden sind. Herschel der Jüngere hat neuerdings vorgeschlagen, durch eine empfindliche mit einem bestimmten Gewichtsstück beschwerte Spirale die Vertheilung der Schwere auf der Oberfläche der Erde zu ermitteln. Bei den durch Hooke erfundenen Torsionswaagen, welche zu Wägungen kleiner Gewichte neuerdings von Neumann wieder angewendet worden sind, befestigt man den Waagebalken rechtwinklig auf der Mitte eines an seinen beiden Enden fest eingeklemmten, horizontal gespannten Drahtes. Durch die Schwingungen des Waagebalkens wird der Draht gedreht und zwar so, dass eine auf der Oberfläche desselben seiner Achse parallele grade Linie auf der einen Seite des Waage balkens eine rechts, auf der andern eine links gewundene Spirale wird. Ritchie [1]) wendet statt eines Drahtes Glasfäden an, welche, während das eine Ende fest eingeklemmt ist, an dem andern so lange gedreht werden, bis der darauf senkrechte Waagebalken in einer seiner Schaalen durch das zu bestimmende Gewicht beschwert, sich wieder horizontal stellt. Da ein Glasfaden von 10 Fuss Länge einer Windung von 5000 Grad bedurfte, um die durch einen Gran in der Waagschaale gestörte Horizontalität des Balkens wiederherzustellen, so sieht man, welche kleine Grössen man auf diese Weise zu bestimmen vermag.

2. Hebelwaagen.

Bei den auf die Schwere gegründeten Waagen mit gleicher Länge der Hebelarme, den sogenannten Gleichwaagen, geht der Balken auf einer prismatischen Schneide, welche auf einer Achat- oder Stahlebene aufliegt, mitunter auch auf einem hohlen Stahlcylinder. Der Waagebalken besteht bei den Waagen [2]) von Ramsden, Trough-

---

1) *on the elasticity of threads of Glass, with some of the most useful applications of this property to Torsion Balances. Phil. Trans.* 1830. 402.

2) Die Abbildung vorzüglicher Waagen findet sich in folgenden Schriften. Die von Ramsden in Rozier J. d. P. 33. 144, auch in Young *lectures on natural philosophy and the mechanical arts,* die von Troughton in *Phil. Trans* 1798. pag. 182., von Mendelsohn in: Beschreibung einer grossen und sehr genauen Waage. Gilbert Ann. 29. 153, von Fortin in *Pouillet élemens de Physique* und in Biot *Traité de Physique,* die von Jahn in Ber-

ton und Mendelsohn aus 2 hohlen mit ihren Grundflächen zusammengefügten Kegeln, welche bei der Mendelsohnschen Waage durch einen hohlen Würfel verbunden sind. Da die Dicke des Messings bei Troughton nur $\frac{1}{50}$ Zoll beträgt, so sichern in Zwischenräumen im Innern angebrachte Ringe die Unbiegsamkeit des Balkens. Die Schneide mit einem Winkel von 30° gut polirt und gehärtet liegt in der Länge von $\frac{1}{20}$ Zoll auf einer Achatplatte. Der Waagebalken ist 18 Zoll lang. Bei den neueren Waagen von Troughton ist der Balken eine solide, einen Fuss lange Stahlstange einen Viertel Zoll dick, an den Enden einen halben Zoll, in der Mitte etwas über einen Zoll hoch. Der Raum, in welchem der Waagebalken zwischen den Stahlplatten oscillirt, auf denen die als Schneide in derselben Entfernung an ihren Enden zugeschärfte Achse aufliegt, ist $1\frac{1}{4}$ Zoll. Diese Unterlagen, concave Halbcylinder, sind gut gehärtet und polirt, so wie die etwas concave Schneide, welche durch den Durchschnitt zweier Kegelflächen entsteht. Durch diese Einrichtung ist die Reibung sehr gering, indem die obere flachere Krümmung die gekrümmtere Unterlage nur in einem Punkte berührt. Bei den Jahnschen und Fortinschen Waagen ist der eben so lange Balken ebenfalls von Stahl, die Schneide aber gradlinig. Bei den Robinsonschen hingegen ist er nur 10 Zoll lang und

---

zelius Chemie; endlich die neuere Form der Waagen von Troughton in dem früher angeführten Werk Hasslers Von den Robinsonschen Waagen, nach welchen die von Pistor und von Oertling construirt sind, ist mir keine genaue Abbildung bekannt.

zwar ein rhomboidaler Rahmen von Glockenmetall, die Achse ein gleichseitiges Prisma, doch hat die Schneide, um welche die Drehung geschieht, mitunter 120 Grad, und liegt in ihrer ganzen Länge auf einer Achatplatte auf. Robinson wendet auch Krystallschneiden an.

Da die Empfindlichkeit der Waage desto grösser ist, je kleiner die Entfernung des Unterstüzzungspunktes vom Schwerpunkt ist, so kann durch eine Veränderung des letztern diese regulirt werden. Diess geschieht bei Waagen mit Robinsonscher Einrichtung durch ein Laufgewicht, welches an einem über dem Unterstützungspunkt befindlichen lothrechten Draht auf und abgeschraubt werden kann.

Aehnliche Verbesserungen als die Unterstützung des Waagebalkens hat allmälig die Aufhängung der Schaalen erfahren. Gewöhnlich hängen die nach unten prismatisch zugeschärften Haken, an welchen die Schaalen aufgehängt sind, in einem Ringe, der nach Innen ebenfalls prismatisch zugeschärft ist. Bei den Waagen von Schaffrinski geschieht die Aufhängung vermittelst eines Halbcylinders von Stahl, welcher seiner Länge nach auf einer nach oben gekehrten prismatischen Schneide ruht. Die Methode aber, welche die grösste Empfindlichkeit gewährt, ist die von Cavendish angegebene, wo eine horizontale Platte von Achat auf einer nach oben gekehrten prismatischen Schneide ruht. Diese Schneiden können durch Correctionsschrauben der mittelsten genau parallel gestellt werden. Die Regulirung der Waage geschieht dadurch, dass vermittelst eines gezähnten Rades ein doppelter Arm in Bewegung gesetzt wird, welcher zu gleicher Zeit die Waage aus den Pfannen, und die Aufhängungsscheiben von den Endachsen aufhebt, und sie bei Drehung des Rades im entgegengesetzten Sinne genau wieder auf dieselbe Stelle niederlegt, um jede geschehene Aenderung in der relativen Lage der drei Waagepunkte wieder zu berichtigen. Diese Punkte müssen in einer graden Linie liegen. Ist nämlich der Unterstützungspunkt über der die Aufhängungspunkte verbindenden Graden, so wird die Waage um so träger, je mehr man sie belastet, befindet sich hingegen der Unterstützungspunkt unter jener Graden, so wird die Waage mit steigender Belastung empfindlicher. Ob eine Waage in dieser Beziehung fehlerhaft sei, lässt sich leicht prüfen, denn da eine in Schwingungen versetzte Waage in derselben Zeit desto weniger Schwingungen vollführt, je empfindlicher sie ist, so darf man nur die Anzahl derselben in derselben Zeit bei grösserer und geringerer Belastung zählen.

Da nur gleiche Gewichte in gleichen Entfernungen vom Unterstützungspunkt einander das Gleichgewicht halten, so wird eine Wägung auf einer Seite der Waage nur dann das richtige Gewicht der zu wägenden Substanz geben, wenn alle Theile auf beiden Seiten des Unterstützungspunktes symmetrisch sind. Ob diese Bedingung erfüllt sei, ergiebt sich daraus, ob durch Vertauschung zweier in beiden Schaalen einander das Gleichgewicht haltende Gewichte mit einander das Gleichgewicht nicht gestört wird. Um einen bei der Verfertigung der Waage in dieser Beziehung noch vorhandenen Fehler wegzuschaffen, wendet man mit Vortheil das Princip der Hunterschen Schraube an. Die Correction der Entfernung der Endschneiden von dem Drehungspunkt geschieht nämlich durch zwei Schrauben, von denen die eine auf einen Zoll einen Gang mehr hat als die andre, wodurch die Fortrückung nur den Unterschied beider Schraubenwindungen beträgt, also ein genaues Justiren durch Bewegung beider höchst einfach wird. Der Vortheil der doppelten Wägung beruht darauf, dass sie von der Voraussetzung einer vollkommnen Symetrie, die, wenn sie bei der Verfertigung auch erreicht war, im Gebrauch sich verlieren kann, unabhängig ist, und alle Wägungen bei gleicher Belastung gestattet. Man vermehrt nämlich das Gewicht in der Waagschaale, in welcher der Körper liegt, der seinem Gewicht nach bestimmt werden soll, durch Zulegen, bis es mit der Belastung in der andern Waagschaale im Gleichgewicht ist, und ersetzt dann den Körper durch Gewichtsstücke. Den Zustand des Gleichgewichts bestimmt eine Nadel, welche entweder senkrecht auf dem Waagebalken nach unten gekehrt ist [1]), oder in der Verlängerung des Waagebalkens selbst angebracht wird. Die Arretirungsmethoden, um die Schneide zu schonen, wenn die Waage nicht benutzt wird, und grössere Schwingungen zu verkleinern, sind bei den neuesten Waagen bequemer als in ältern Constructionen, beruhen aber auf demselben Princip. Denn es ist in dieser Beziehung

---

1) Bei den Pistorschen Waagen ist die Parallaxe dadurch vermieden, dass der Zustand des Gleichgewichts erkannt wird, wenn die Nadel ihr Bild in einem hinter ihr angebrachten Spiegel verdeckt.

unwesentlich, ob die unterstützenden Arme vermittelst eines Hebels durch ein Gewicht in einer kleinen Waagschaale gehalten werden, ob sie in ein Knie gebogen oder durch eine Schraube bewegt werden. Durch aufgelegte Gewichte bestimmt man den Werth der Theilstriche der Skale, die Empfindlichkeit der Waage selbst aber durch das Verhältniss des kleinsten Gewichtes, bei welchem sie einen Ausschlag giebt, zur ganzen Belastung, welche sie ohne Gefahr vertragen kann.

3. Schnellwaagen.

Wenn wir bei der doppelten Wägung uns von der Bedingung der gleichen Länge der Hebelarme unabhängig machen, so benutzen wir sogar bei der Schnellwaage die ungleiche Länge der Hebelarme zur Gewichtsbestimmung selbst, nach dem Grundprincipe des Hebels, dass gleiche Produkte der Entfernungen in die Kräfte gleiche Wirkungen hervorbringen. Bei den gewöhnlichen Schnellwaagen ist der Werth des laufenden Gewichtes auf der Skale des Balkens angegeben. Auch gebraucht man feine chemische Waagen als Schnellwaagen, um Unterabtheilungen des kleinsten Gewichtes zu erhalten. Man verschiebt nämlich an dem in 10 gleiche Theile getheilten Waagebalken einen feinen Draht, dessen Gewicht auf diese Art getheilt wird[1]).

Da der Druck auf den Unterstützungspunkt der Waage gleich ist der Summe der einander im Gleichgewicht haltenden Gewichte, so folgt, dass bei gleicher Schwere des Waagebalkens, der Vor-

1) Dieses Verfahren ist von Berzelius angegeben in dessen Chemie IV. 2te Abth.

theil auf Seiten der Schnellwaage sein wird, so lange das Laufgewicht kleiner ist als das zu bestimmende Gewicht ist, im umgekehrten Falle hingegen der Vortheil auf Seiten der Gleichwaagen. Da aber die Theilung der Gewichte im Allgemeinen mit grösserer Genauigkeit gemacht werden kann, als die Theilung des Armes, so wird man überhaupt zur Bestimmung kleiner Gewichte die Gleichwaage lieber anwenden als Schnellwaagen. Ist die unbelastete Schnellwaage für sich im Gleichgewicht, so ist der Anfangspunkt der Theilung der Unterstützungspunkt selbst. Diess ist aber selten der Fall, in der Regel hat der längere Arm das Uebergewicht, die Arme sind dann „nicht auf einander äquirt." Mitunter wendet man mehrere Laufgewichte an wie bei der grossen Heuwaage, welche, von Leupold 1718 in Leipzig construirt, $\frac{1}{2}$ Pfund anzeigte und eine Belastung von 58 Centner vertrug, und wie bei der Construction von Paul, dessen Waage $\frac{1}{10000}$ angiebt. Bei der sogenannten Dänischen Waage wird bei unveränderlichem Gewicht der Unterstützungspunkt geändert. Bekanntlich hat Ramsden [1]) die Schnellwaage zur Bestimmung des specifischen Gewichtes der Flüssigkeiten angewendet.

4. Zeigerwaagen.

Kommt es darauf an, die Gewichtsänderungen eines Körpers in einem abgeschlossenen Raume zu bestimmen, so ist keine der bisher betrachteten Waagen zu gebrauchen. Allerdings könnte man

---

1) *an account of experiments to determine the specific gravities of fluids. London* 1792.

ein graduirtes Aräometer anwenden, auf dessen Teller die zu prüfende Substanz läge. Da aber diese Substanz gewöhnlich eine in dem abgeschlossenen Raume verdampfende Flüssigkeit oder ein auszutrocknendes Salz ist, so könnte die Anwesenheit der Flüssigkeit, in welche das Aräometer eingetaucht ist, störend auf den Verlauf des Versuches einwirken. Man bedient sich daher hierzu der Zeigerwaage, welche aus einem ungleichseitigen Winkelhebel besteht, der um seinen Scheitel drehbar mit verschiedenen Gewichten an einem Ende belastet dem constanten Gewicht am andern Ende in verschiedenen Neigungen gegen den Horizont das Gleichgewicht hält. Diese an einem Gradbogen gemessenen Neigungen bestimmen die Grösse des aufgelegten Gewichtes. Brady hat eine Waage mit 3 Gradbogen construirt und 3 Aufhängungen für die Waagschaale. Sie ist eine Vereinigung der Schnellwaage und Zeigerwaage.

3. Gewichtsbestimmungen durch hydrostatischen Druck.

Die auf hydrostatischem Druck beruhenden Waagen zerfallen in zwei Klassen, je nachdem man bei constantem Volumen der verdrängten Flüssigkeit das Gewicht des eingetauchten Instruments misst oder bei unveränderlichem Gewicht das Volumen derselben bestimmt. Jene, von Fahrenheit angegeben, werden Senkwaagen genannt, diese heissen Araeometer und sind in ihrer Form fast genau noch der Beschreibung entsprechend, welche sie nach *Rhemnius Fannius Palaemon (de Ponderibus et Mensuris)* von Archimedes erhalten:

Ducitur argento tenuive ex aere cylindrus,
Quantum inter nodos fragiles producit arundo.
Cui cono interius modico pars ima gravatur,
Ne totus sedeat, totusve supernatet undis.
Lineaque a summo tenuis descendit ad ima
Ducta superficie, tot quaeque in frusta secatur,
Quot scriplis gravis est argenti aerisve cylindrus.
Hoc, cujusque potes, pondus spectare liquoris.
Nam si tenuis erit, major immergitur unda;
Sin gravior, plures modulos superesse notabis.

Aräometer werden nur zur Bestimmung des specifischen Gewichts angewendet, Senkwaagen hingegen auch zu absoluten Gewichtsbestimmungen. Ist das zu bestimmende Gewicht klein, so wird der zu wägende Körper auf ein am obern Ende des Instruments befindliches Schälchen gelegt, und Gewichtsstücke so lange zugesetzt, bis es bis zur Marke einsinkt. Das, was dem zugelegten Gewichte zur ganzen Belastung fehlt, ist das Gewicht des Körpers, das Princip der doppelten Wägung also geltend gemacht. Diese Form des Apparats ist aber nur bei Gewichtsbestimmungen kleiner Körper anwendbar. Für grössere Massen ist die Form, welche Tralles der Senkwaage gegeben hat, bequem. Eine solche Waage ist neuerdings von Hassler bei der Regulirung des amerikanischen Gewichts- und Maafssystems angewendet worden. Ein starkes ellipsoidisches Glasgefäss ist an seiner Oeffnung verschlossen durch eine eingekittete Stahlplatte, in welche drei Stahlstangen eingeschraubt sind. An dieser sind 3 Querarme befestigt, welche mit einander Winkel von 120 Grad machen und vermittelst herabgehender Stangen eine Waagschaale tragen. Der Glaskörper wird in ein Gefäss mit Quecksilber oder Wasser eingetaucht, welches auf einem Tische steht, unter welchem parallel mit ihm die Waagschale sich befindet. Durch Auflegen der Gewichte auf dieselbe wird der Glaskörper in die Flüssigkeit so lange hineingezogen, bis ein mit ihm verbundener Schwimmer von Elfenbein die verlangte Stellung angiebt. Für Wägungen leichterer Körper wird nur Wasser als Flüssigkeit angewendet, da mit der Leichtigkeit der Flüssigkeit die Empfindlichkeit der Waage steigt. Das Eintauchen bis an die Marke wird von Unten beobachtet in dem Moment, wo alle Reflection von der untern Fläche verschwunden ist. Da eine solche Waage sich leicht justiren lässt, d. h. bestimmen, wie viel Belastungsgewicht sie bis zum Eintauchen bis an die Marke erfordert, so ist sie vorzugsweise als portative Waage auf Reisen zu empfehlen, das Tischgen ist dann aus einander zu nehmen und die Glaskugel hat in diesem Falle nur die Grösse eines Hühnereies.

In Beziehung auf die Genauigkeit, welche man überhaupt mit Waagen, auf welches Princip sie auch gegründet sein mögen, zu erreichen vermag, kann man fragen, wie kleine Grössen man überhaupt noch wiegen, und auf den wievielsten Theil des ganzen Gewichtes man einstehen kann. Es versteht sich dabei von selbst, dass bei der Bestimmung grosser Gewichte erst bei grösseren Gewichtsunterschieden ein Ausschlag erfolgt, während auf Waagen, welche eine geringe Belastung vertragen, viel geringere Gewichtsunterschiede angegeben werden können. Folgendes sind die bisher erreichten Grenzen:

1) Gleichwaagen. Die von Robinson zu den neuesten englischen Gewichtsbestimmungen angefertigte Waage ist, so viel mir bekannt, unter den grösseren Waagen die empfindlichste, denn sie gab mit 250 Pfund *Troy* in jeder Schale bei 1 *Grain* einen Ausschlag von $\frac{1}{20}$ Zoll am Index, dessen Radius 50 Zoll war, also $\frac{1}{1750000}$ der ganzen Belastung.

Die von Ramsden für die *Royal Society* angefertigte gab $\frac{1}{10000000}$ bei 10 Pfund Belastung.

Die von Florenz in Wien verfertigten gaben bei $4\frac{1}{2}$ Pfund Belastung nach Baumgärtner (Physik p. 83) noch bei $\frac{1}{4718592}$ einen deutlichen Ausschlag, hingegen die von Fortin bei 4 Pfund Belastung $\frac{1}{1536000}$ an.

Die von Troughton für Shuckburgh verfertigte Waage gab $\frac{1}{100}$ *Grain* bei 16384 *Grain Troy* Belastung auf jeder Seite, also $\frac{1}{1638400}$ an. Kastner (Grundzüge der Physik und Chemie p. 18) sagt: „eine Waage des Hofmechanikus Körner in Jena giebt noch $\frac{1}{1638400}$ und weniger desjenigen Gewichtes an, welches sie als Totalgewicht zu tragen vermag." Diese beiden Waagen haben also genau dieselbe Empfindlichkeit.

Die berühmtesten Waagen sind jetzt die von Robinson, Pistor, Oertling, Fortin. Die Robinsonschen Waagen vertragen, wenn der Balken $10\frac{1}{2}$ Zoll lang ist (Preis 14 Guin.) in jeder Schale 2000 *Grains*, bei 8 Zoll Länge des Balkens (Preis 11 Guin.) 1000 *Grains*, bei $5\frac{1}{2}$ Zoll Länge (Preis 8 Guin.) 400 *Grains*. Sie geben auf

$\frac{1}{1000}$ *Grain* Ausschlag bei 1000 *Grains* Belastung, also ein Milliontheil. Die Gewichte unter 100 *Grains* sind von Platina, die darüber von Messing. Eine Krystallschneide erhöht den Preis um 1 Guinee. Die Pistorschen Waagen vertragen 1 Kilogramm Belastung, die kleineren 1 Hectogramme. Die Gewichte sind von Platina oder Silber. Sie geben bei 1 Kilogramm Belastung auf 1 Milligramm Ausschlag, ihre Empfindlichkeit ist also $\frac{1}{1000000}$ wie die der Waagen von Fortin bei gleicher Belastung. Eine gute Waage überhaupt muss wenigstens $\frac{1}{50000}$ der Belastung angeben.

2) Schnellwaagen. Der kleine Apparat, welchen Black im Jahr 1825 beschrieben hat, scheint für kleine Gewichte der empfindlichste. Er giebt bei 10 Gran Belastung $\frac{1}{1000}$ *Grain*.

3) Zeigerwaagen. Eine von Werner für das physikalische Museum in Wien gefertigte wiegt von 22 Grammen bis 1 Milligramme. Der Bogen hat aber 12 Zoll im Halbmesser.

Die kleinen Senkwaagen von Greiner geben $\frac{1}{2000}$ des Gewichts des bis an die Marke versenkten Instruments.

Bei den von Hassler verfertigten Quecksilberwaagen nach Tralles betrug bei Waage No. 1, deren Glaskörper 406,88 Kubikzoll bei 12,1 Zoll Höhe und 8,55 Zoll Breite enthielt, das grösste bestimmbare Gewicht 1393649 *Grains Troughton*, wobei für 1 *Grain* Zulage die Stellung des Stiftes, an welchem die Marke befindlich, um 0.00416 Zoll sich änderte. Ich werde bei den übrigen die erhaltenen Resultate auf dieselbe Weise vergleichen.

	Inhalt	Höhe	Breite	Gewichts-maximum.	Veränderung der Marke.
		des Glaskörpers.			
Quecksilberwaage.	406.88	12.1	8.55	1393649	0.″00416
	121.22	8.45	5.4	362942	0.″1121
Wasserwaage.	901.52	15.43	10.9	105214	—
	303.85	11.3	7.3	44325.45	0.″15
dit.	298.11	10.9	7.2	43457.25	0.″12
dit.	116.58	8.0	5.0	7687.6	0.″068
dit.	717.95	13.4	9.6	109379.25	0.″2

Bei der letzten Wasserwaage war die Kugel von Kupfer. Die zu erhaltende Genauigkeit ist daher sehr gross, denn angenommen, dass man am Schwimmer der letzten Waage auch nur $\frac{1}{10}$ Zoll ablese, so würde man doch ein Milliontheil bequem bestimmen können. Diese Waagen werden daher wegen der Leichtigkeit, mit welcher sie construirt werden können, immer da zu empfehlen sein, wo man, entfernt von der Werkstatt eines guten Mechanikers, möglichst genaue Wägungen im Grossen zu erhalten wünscht.

Da die bei den Wägungen zu nehmenden Vorsichtsmaassregeln in chemischen und physikalischen Lehrbüchern genau erörtert, die Reductionsformeln aber auf den leeren Raum von Biot vollständig gegeben, mehrere hierbei vorkommende Reductionen auch schon zu grösserer Bequemlichkeit in Tafeln gebracht sind, so würde es unnöthig sein, sie hier zu wiederholen. Zum Schluss nur noch folgende Bemerkung:

Die bisherigen Betrachtungen zeigten, dass durch sinnreiche Vorrichtungen und Combinationen es gelungen ist, die Genauigkeit der Messungen viel weiter zu treiben, als man vermuthen sollte. Aber auch die am genauesten angestellte Messung giebt nicht die wahre räumliche Ausdehnung, nicht die wahre Zeitdauer, nicht das wahre Gewicht. Wir können sie zufällig gefunden haben, aber nicht beweisen, dass es geschehen. Denn durch die grösste

Schärfung der Sinne können wir nur den Unterschied zwischen Maass und Gemessenem verkleinern, woraus folgt, dass jede Beobachtung als mit einem Fehler behaftet anzusehen ist, zu denen sich die noch gesellen, welche unter gleichen Hindernissen der Genauigkeit entstehend, für mehrfach wiederholte Beobachtungen verschiedne Resultate hervorbringen. Die Wahrscheinlichkeit der aus vielen Beobachtungen abzuleitenden Bestimmung muss daher das Resultat einer Rechnung sein, welche lehrt, aus lauter unrichtigen Beobachtungen, nicht das richtige Resultat abzuleiten, denn diess ist unmöglich, sondern eins, welches wahrscheinlicher ist, als eine einzelne Beobachtung. Die Beobachtungskunst verdankt ihre hohe Vollendung in neuerer Zeit vielleicht eben so sehr der Entwickelung der sich auf sie beziehenden mathematischen Methoden[1]), als der technischen Vervollkommnung der Beobachtungsmittel.

1) Ausser den ältern Untersuchungen von Jacob Bernoulli, Lambert, Asclepi, Boscowich und Laplace die Entdeckung und Ausbildung der Theorie der kleinsten Quadrate in: Legendre *nouvelle méthode pour la détermination des orbites des comètes avec un Supplément contenant divers perfectionnemens des ces méthodes. Paris* 1806. — Legendre *méthode des moindres quarrés, pour trouver le milieu le plus probable entre les résultats de differentes observations. Mém. de Par.* 1810. *II.* 149. — Gauss *Theoria motus corporum coelestium.* 1809. *p.* 205. (zuerst angewendet). — Gauss *disquisitio de elementis ellipticis Palladis. Com. Gott. rec.* 1808—1811.— Gauss *Theoria combinationis observationum erroribus minimis obnoxiae ib.* 1821. 1823. — Bessel *Fundamenta astronomiae a Bradlejo posita p.* 18. 116. — Bessel über die Bestimmung des Gesetzes einer periodischen Erscheinung. Schumacher astr. Nachr. 6. 333. — Laplace *mémoire sur les integrales définies et leur application aux probabilités et specialement à la recherche du milieu qu'il faut choisir entre les résultats des observations. Mém. de Par.* 1810. 379. — Laplace *Théorie analytique des probabilités. Par.* 1820. 3. *ed.* — Laplace *essai philosophique sur les probabilités. Par.* 1819. — Enke über die Methode der kleinsten Quadrate. Berl. Jahrb. 1834. 1835.

Tafeln.

Den Reductionstafeln liegen folgende Bestimmungen zum Grunde:

1 Meter	=	443.296 par. Linien (p. 12.)
1 Meter	=	39.37062 engl. Zoll (p. 39.)
1 preuss. Fuss	=	139.13 par. Linien (p. 41.)
1000 Grammen	=	18827.15 franz. Grains (p. 42.)
1 ℔. Troy	=	373.2484 Grammen (p. 45.)
1 ℔. preuss.	=	467.71101 Grammen (p. 49.)
1 Litre	=	1 Kub. Decimeter (p. 21.)
1 Imp. Gallon	=	277.27384 engl. Kub. Zoll (p. 22.)
1 preuss. Quart	=	64 preuss. Kub. Zoll (p. 21.)

Die in den Tafeln für die Verhältnisse des preussischen englischen und französischen Fusses angegebenen Zahlen gelten wegen der Gleichheit der Eintheilung auch für die Verhältnisse des preussischen, englischen und französischen Zolles, eben so für die Verhältnisse der französischen und preussischen Linie und zwar findet diese Uebereinstimmung für Längen-, Flächen- und Körpermaasse statt.

Eintheilung der Maasse.

a) französisch.

Längenmaasse.

Toise	Fuss	Zoll	Linie
1	6	72	864
	1	12	144
		1	12

Flächenmaasse.

□Toise	□Fuss	□Zoll	□Linie
1	36	5184	746496
	1	144	20736
		1	144

Körpermaasse.

K.Toise	K.Fuss	K.Zoll	K.Linie
1	216	373248	644972544
	1	1728	2985984
		1	1728

Flüssigkeitsmasse.

Gallon	Pinte	Chopine	Poison
1	4	8	16
	1	2	4
		1	2

Hohlmaasse.

Setier	Mine	Minot	Boisseau	Quart	Litron
1	2	4	12	48	192
	1	2	6	24	96
		1	3	12	48
			1	4	16
				1	4

Gewicht.

Livre	Marc	Once	Gros	Denier	Grain
1	2	16	128	384	9216
	1	8	64	192	4608
		1	8	24	576
			1	3	72
				1	24

b) preussisch.

Längenmaasse.

Ruthe	Fuss	Zoll	Linie
1	12	144	1728
	1	12	144
		1	12

Flächenmaasse.

□Ruthe	□Fuss	□Zoll	□Linie
1	144	20736	2985984
	1	144	20736
		1	144

Körpermaasse.

K.Ruthe	K.Fuss	K.Zoll	K.Linie
1	1728	2985984	5159780352
	1	1728	2985984
		1	1728

Flüssigkeitsmaasse.

Eimer	Anker	Quart	K.Zoll
1	2	60	3840
	1	30	1920
		1	64

Hohlmaasse.

Scheffel	Metze	K.Zoll
1	16	3072
	1	192

Gewicht.

a) Handels — Münz — Gold — Silbergewicht.

Ctr.	Pfund	Mark	Loth	Quentch.	Grän
1	110	220	3520	14080	63360
	1	2	32	128	576
		1	16	64	288
			1	4	18
				1	4½

b) Medicinal.

Pfund	Unze	Drachm.	Skrup.	Gran	pr. Loth
1	12	96	288	5760	24
	1	8	24	480	2
		1	3	60	$\frac{1}{4}$
			1	20	$\frac{1}{12}$
				1	$\frac{1}{240}$

c) englisch.

Längenmaasse.

Yard	Fuss	Zoll
1	3	36
	1	12

Flächenmaasse.

□Yard	□Fuss	□Zoll
1	9	1296
	1	144

Körpermaasse.

K.Yard	K.Fuss	K.Zoll
1	27	46656
	1	1728

Flüssigkeitsmaasse.

Imp. Gallon	Quart	Pint	K.Zoll
1	4	8	277.274
	1	2	69.318
		1	34.659

Hohlmaasse.

Chaldron	Corn Quarter	Sack	Bushel	Peck	K.Zoll
1	$4\frac{1}{2}$	12	36	144	79854.87
	1	$2\frac{2}{3}$	8	32	17745.53
		1	3	12	6654.57
			1	4	2218.19
				1	554.55

G e w i c h t.

a) Handelsgewicht — Avoir du Pois.

Ton	Hundred weight	Quarter	Pfund	Ounce	Dram	Grain
1	20	80	2240	35840	573440	15680000
	1	4	112	1792	28672	784000
		1	28	448	7168	196000
			1	16	256	7000
				1	16	437.5
					1	27.344

b) Troygewicht.

Pfund	Ounce	Penny weight	Grain
1	12	240	5760
	1	20	480
		1	24

d) metrisch.

Längenmaasse.

Meter	Decim.	Centim.	Millim.
1	10	100	1000
	1	10	100
		1	10

Flächenmaasse.

□Meter	□Decim.	□Centim.	□Millim.
1	10	100	1000
	1	10	100
		1	10

Körpermaasse.

K.Meter	K.Decim.	K.Centim.	K.Millim.
1	10	100	1000
	1	10	100
		1	10

Flüssigkeitsmaasse.

Decalitre	Litre	Decilitre
1	10	100
	1	10

Hohlmaasse.

Kilolitre	Hectolitre	Decal.	Litre
1	10	100	1000
	1	10	100
		1	10

Grammengewicht.

Millier	Quintal	Kilogramme	Hectogramme
1	10	1000	10000
	1	100	1000
		1	10

Hectogr.	Decagr.	Gr.	Decigr.	Centigr.	Milligr.
1	10	100	1000	10000	100000
	1	10	100	1000	10000
		1	10	100	1000
			1	10	100
				1	10

Grössere Maasse.

a) französisch.

1 Lieue = 2283 Tois.
1 Lieue marine = 2854 -
1 Myriametre = 10000 Metr.
1 Kilometre = 1000 -
1 Decametre = 10 -

b) preussisch.

1 pr. Meile = 2000 Ruthen
1 pr. Morgen = 180 □Fuss
1 □Meile = 22222$\frac{2}{9}$ Morgen
1 Klafter = 108 Kubikfuss
1 Schachtruthe = 144 -
1 Tonne = 12288 Kubikzoll
1 Leinsaat Tonne = 7232 -
1 Schiffslast = 4000 Pfund

c) englisch.

Mile	Furlong	Pole od. Perch	Yard	Fuss
1	8	320	1760	5280
	1	40	220	660
		1	5$\frac{1}{2}$	16$\frac{1}{2}$
			1	3

Acre	Rood	□Pole	□Yard	□Fuss
1	4	160	4840	43560
	1	40	1210	10890
		1	30$\frac{1}{4}$	272$\frac{1}{4}$
			1	9

Reductionstafeln.

A. Längenmaasse.

Tafel I.

Verwandlung von Toise, Ruthe, Yard u. Meter in einander.

Meter.	Toise.	Ruthe.	Yard.
1	0.513074	0.265517	1.093628
2	1.026148	0.531033	2.187257
3	1.539222	0.796550	3.280885
4	2.052296	1.062066	4.374513
5	2.565370	1.327583	5.468142
6	3.078444	1.593100	6.561770
7	3.591518	1.858616	7.655398
8	4.104592	2.124133	8.749026
9	4.617666	2.389649	9.842655
10	5.130740	2.655166	10.936283

Toise.	Meter.	Ruthe.	Yard.
1	1.949037	0.517502	2.131522
2	3.898073	1.035003	4.263043
3	5.847110	1.552505	6.394565
4	7.796146	2.070006	8.526086
5	9.745183	2.587508	10.657608
6	11.694220	3.105010	12.789130
7	13.643256	3.622511	14.920651
8	15.592293	4.140013	17.052173
9	17.541329	4.657514	19.183694
10	19.490366	5.175016	21.315216

Ruthe.	Meter.	Toise.	Yard.
1	3.766243	1.932361	4.118868
2	7.532485	3.864722	8.237736
3	11.298728	5.797083	12.356604
4	15.064970	7.729444	16.475472
5	18.831213	9.661805	20.594340
6	22.597455	11.594166	24.713208
7	26.363697	13.526527	28.832076
8	30.129940	15.458888	32.950944
9	33.896183	17.391249	37.069812
10	37.662425	19.323610	41.188680

Yard.	*Meter.*	*Toise.*	*Ruthe.*
1	0.914387	0.469148	0.242785
2	1.828774	0.938297	0.485570
3	2.743161	1.407445	0.728355
4	3.657548	1.876593	0.971140
5	4.571936	2.345742	1.213925
6	5.486323	2.814889	1.456710
7	6.400710	3.284038	1.699495
8	7.315097	3.753186	1.942281
9	8.229484	4.222335	2.185065
10	9.143871	4.691483	2.427850

Tafel II.

Verwandlung der Fussmaasse und des Meter in einander.

Meter.	*franz. Fuss.*	*pr. Fuss.*	*engl. Fuss.*
1	3.078444	3.186199	3.280885
2	6.156888	6.372399	6.561770
3	9.235332	9.558598	9.842655
4	12.313776	12.744798	13.123540
5	15.392220	15.930997	16.404425
6	18.470664	19.117197	19.685310
7	21.549108	22.303396	22.966195
8	24.627552	25.489596	26.247080
9	27.705996	28.675795	29.527965
10	30.784440	31.861995	32.808850

franz. Fuss.	*Meter.*	*pr. Fuss.*	*engl. Fuss.*
1	0.324839	1.035003	1.065761
2	0.649679	2.070006	2.131522
3	0.974518	3.105010	3.197282
4	1.299358	4.140013	4.263043
5	1.624197	5.175016	5.328804
6	1.949037	6.210019	6.394565
7	2.273876	7.245023	7.460326
8	2.598715	8.280026	8.526086
9	2.923555	9.315029	9.591847
10	3.248394	10.350032	10.657608

pr. Fuss.	Meter.	franz. Fuss.	engl. Fuss.
1	0.313854	0.966181	1.029717
2	0.627707	1.932361	2.059435
3	0.941561	2.898542	3.089152
4	1.255414	3.864722	4.118869
5	1.569268	4.830903	5.148587
6	1.883121	5.797083	6.178304
7	2.196975	6.763264	7.208021
8	2.510828	7.729444	8.237738
9	2.824682	8.695625	9.267456
10	3.138535	9.661806	10.297173

engl. Fuss.	Meter.	franz. Fuss.	pr. Fuss.
1	0.304796	0.938297	0.971140
2	0.609591	1.876593	1.942281
3	0.914387	2.814889	2.913421
4	1.219183	3.753186	3.884562
5	1.523979	4.691483	4.855702
6	1.828774	5.629780	5.826842
7	2.133570	6.568076	6.797983
8	2.438366	7.506373	7.769123
9	2.743162	8.444669	8.740263
10	3.047957	9.382966	9.711404

Tafel III.

Verwandlung der Zolle, Linien und Theile des Meter in einander.

Decim.	franz. Zoll.	pr. Zoll.	engl. Zoll.
1	3.694133	3.82344	3.937062
2	7.388266	7.64688	7.874124
3	11.082398	11.47032	11.811186
4	14.776531	15.29376	15.748248
5	18.470664	19.11720	19.685310
6	22.164796	22.94064	23.622372
7	25.858929	26.76408	27.559434
8	29.553062	30.58751	31.496496
9	33.247195	34.41095	35.433558
10	36.941328	38.23439	39.370620

Millim.	*franz. Linie.*	*pr. Linie.*	*engl. Zoll.*
1	0.44330	0.45881	0.039371
2	0.88659	0.91762	0.078741
3	1.32989	1.37644	0.118112
4	1.77318	1.83525	0.157482
5	2.21648	2.29406	0.196853
6	2.65978	2.75288	0.236224
7	3.10307	3.21169	0.275594
8	3.54637	3.67050	0.314965
9	3.98966	4.12931	0.354336
10	4.43296	4.58813	0.393706

engl. Zoll.	*franz. Linie.*	*pr. Linie.*	*Millim.*
0.1	1.125956	1.165368	2.53996
0.2	2.251912	2.330737	5.07993
0.3	3.377868	3.496105	7.61989
0.4	4.503824	4.661474	10.15985
0.5	5.629780	5.826842	12.69982
0.6	6.755735	6.992210	15.23979
0.7	7.881691	8.157579	17.77975
0.8	9.007648	9.322977	20.31972
0.9	10.133604	10.488316	22.85968
1.0	11.259559	11.653684	25.39965

franz. Linie.	*engl. Zoll.*	*pr. Zoll.*	*Millim.*
1	0.08881	0.08625	2.25583
2	0.17763	0.17250	4.51166
3	0.26644	0.25875	6.76749
4	0.35525	0.34500	9.02332
5	0.44407	0.43125	11.27915
6	0.53288	0.51750	13.53498
7	0.62169	0.60375	15.79081
8	0.71051	0.69000	18.04664
9	0.79933	0.77625	20.30247
10	0.88813	0.86250	22.55829
11	0.97695	0.94875	24.81412

B. Flächenmaasse.

Tafel IV.

Fussmaasse und Meter.

□Meter.	franz. □Fuss.	pr. □Fuss.	engl. □Fuss.
1	9.476817	10.151867	10.76421
2	18.953635	20.303734	21.52841
3	28.430452	30.455602	32.29262
4	37.907270	40.607469	43.05683
5	47.384087	50.759336	53.82104
6	56.860905	60.911203	64.58524
7	66.337722	71.063071	75.34945
8	75.814540	81.214938	86.11366
9	85.291357	91.366805	96.87786
10	94.768174	101.518672	107.64207

fr. □Fuss.	□Meter.	pr. □Fuss.	engl. □Fuss.
1	0.105521	1.071232	1.135847
2	0.211041	2.142463	2.271694
3	0.316562	3.213695	3.407540
4	0.422083	4.284927	4.543387
5	0.527603	5.356158	5.679234
6	0.633124	6.427390	6.815081
7	0.738645	7.498622	7.950928
8	0.844165	8.569854	9.086774
9	0.949686	9.641085	10.222621
10	1.055207	10.712317	11.358468

pr. □Fuss.	□Meter.	franz. □Fuss.	engl. □Fuss.
1	0.098504	0.933505	1.060318
2	0.197008	1.867010	2.120635
3	0.295512	2.800515	3.180953
4	0.394016	3.734019	4.241270
5	0.492520	4.667524	5.301588
6	0.591024	5.601029	6.361906
7	0.689528	6.534534	7.422223
8	0.788032	7.468039	8.482541
9	0.886536	8.401544	9.542858
10	0.985040	9.335049	10.603176

engl. □ Fuss.	□ Meter.	franz. □ Fuss.	pr. □ Fuss.
1	0.092900	0.880400	0.943113
2	0.185801	1.760801	1.886227
3	0.278701	2.641201	2.829340
4	0.371602	3.521602	3.772453
5	0.464502	4.402002	4.715567
6	0.557408	5.282402	5.658680
7	0.650303	6.162803	6.601793
8	0.743204	7.043203	7.544906
9	0.836104	7.923604	8.488020
10	0.929005	8.804004	9.431133

C. Körpermaasse.

Tafel V.

Fussmaasse und Meter.

K. Meter.	franz. K. Fuss.	pr. K. Fuss.	engl. K. Fuss.
1	29.173852	32.345874	35.31615
2	58.347704	64.691749	70.63230
3	87.521556	97.037623	105.94845
4	116.695407	129.383497	141.26460
5	145.869259	161.729371	176.58075
6	175.043111	194.075246	211.89689
7	204.216963	226.421120	247.21304
8	233.390815	258.766994	282.52919
9	262.564667	291.112868	317.84534
10	291.738519	323.458742	353.16149

fr. K. Fuss.	K. Meter.	pr. K. Fuss.	engl. K. Fuss.
1	0.034277	1.108728	1.210541
2	0.068555	2.217457	2.421083
3	0.102832	3.326185	3.631624
4	0.137109	4.434913	4.842166
5	0.171386	5.543641	6.052707
6	0.205664	6.652370	7.263248
7	0.239941	7.761098	8.473790
8	0.274218	8.869826	9.684331
9	0.308495	9.978554	10.894873
10	0.342773	11.087283	12.105414

pr. K.Fuss.	franz. K.Fuss.	K.Meter.	engl. K.Fuss.
1	0.901934	0.030916	1.091828
2	1.803869	0.061832	2.183655
3	2.705803	0.092748	3.275483
4	3.607737	0.123663	4.367310
5	4.509671	0.154579	5.459138
6	5.411606	0.185495	6.550966
7	6.313540	0.216411	7.642793
8	7.215474	0.247327	8.734621
9	8.117408	0.278243	9.826448
10	9.019343	0.309158	10.918276

engl. K.F.	franz. K.Fuss.	K.Meter.	pr. K.Fuss.
1	0.826077	0.0283157	0.915895
2	1.652154	0.0566313	1.831791
3	2.478231	0.0849470	2.747686
4	3.304308	0.1132626	3.663581
5	4.130385	0.1415783	4.579477
6	4.956462	0.1698940	5.495372
7	5.782539	0.1982096	6.411267
8	6.608616	0.2265253	7.327162
9	7.434693	0.2548409	8.243058
10	8.260770	0.2831566	9.158953

D. Hohlmaasse.

Tafel VI.

Verwandlung des Liter, Quart, Setier, Imperial Gallon und der englischen Pinte in einander und in Kubikzolle.

a) für Flüssigkeiten.

Litre.	pr. Quart.	Imp. Gallon.	E. Pinte.
1	0.873339	0.220094	1.760750
2	1.746677	0.440188	3.521501
3	2.620016	0.660281	5.282251
4	3.493354	0.880375	7.043002
5	4.366693	1.100469	8.803752
6	5.240032	1.320563	10.564502
7	6.113370	1.540657	12.325253
8	6.986709	1.760750	14.086003
9	7.860047	1.980844	15.846754
10	8.733386	2.200938	17.607504

Imp. Gallon.	Litre.	pr. Quart.	pr. K.Zoll.
1	4.54352	3.96803	253.95383
2	9.08704	7.93606	507.90766
3	13.63055	11.90409	761.86149
4	18.17407	15.87212	1015.81532
5	22.71759	19.84015	1269.76915
6	27.26111	23.80818	1523.72298
7	31.80463	27.77621	1777.67681
8	36.34814	31.74423	2031.63064
9	40.89166	35.71226	2285.58447
10	45.43518	39.68029	2539.53830

E. Pinte.	Litre.	pr. Quart.	pr. K.Zoll.
1	0.56794	0.49600	31.74423
2	1.13588	0.99201	63.48846
3	1.70382	1.48801	95.23269
4	2.27176	1.98401	126.97692
5	2.83970	2.48002	158.72115
6	3.40764	2.97602	190.46538
7	3.97558	3.47202	222.20961
8	4.54352	3.96803	253.95383
9	5.11146	4.46403	285.69806
10	5.67939	4.96004	317.44229

pr. Quart.	Litre.	Imp. Gallon.	E. Pinte.
1	1.14503	0.252014	2.016114
2	2.29006	0.504028	4.032227
3	3.43509	0.756043	6.048341
4	4.58012	1.008057	8.064454
5	5.72515	1.260071	10.080568
6	6.87018	1.512085	12.096682
7	8.01521	1.764099	14.112795
8	9.16024	2.016114	16.128909
9	10.30527	2.268128	18.145022
10	11.45031	2.520142	20.161136

Litre.	franz. Kub.Zoll.	Gallon.	engl. Kub.Zoll.	Hectol.	Setier.
1	50.41242	1	277.27384	1	0.64102
2	100.82483	2	554.54768	2	1.28204
3	151.23725	3	831.82152	3	1.92306
4	201.64966	4	1109.09536	4	2.56408
5	252.06208	5	1386.36920	5	3.20510
6	302.47450	6	1663.64304	6	3.84612
7	352.88691	7	1940.91688	7	4.48714
8	403.29933	8	2218.19072	8	5.12816
9	453.71174	9	2495.46456	9	5.76918
10	504.12416	10	2772.73840	10	6.41020

Centi-litre.	franz. Kub.Linie.	E. Pinte.	engl. Kub.Zoll.	Setier.	Hectol.
1	871.1269	1	34.65923	1	1.560
2	1742.2438	2	69.31846	2	3.120
3	2613.3708	3	103.97769	3	4.680
4	3484.4877	4	138.63692	4	6.240
5	4355.6146	5	173.29615	5	7.800
6	5226.7415	6	207.95538	6	9.360
7	6097.8584	7	242.61461	7	10.920
8	6968.9754	8	277.27384	8	12.480
9	7840.1023	9	311.93307	9	14.040
10	8711.2692	10	346.59230	10	15.600

b) für feste Körper.

preuss. Scheffel.	franz. Kub.Zoll.	Hectolit.	preuss. Scheffel.	Chaldron.	preuss. Scheffel.
1	2770.742	1	1.819455	1	23.80817
2	5541.484	2	3.638911	2	47.61634
3	8312.226	3	5.458366	3	71.42451
4	11082.968	4	7.277822	4	95.23268
5	13853.710	5	9.097277	5	119.04085
6	16624.452	6	10.916732	6	142.84902
7	19395.194	7	12.736188	7	166.65720
8	22165.936	8	14.555643	8	190.46537
9	24936.678	9	16.375099	9	214.27354
10	27707.420	10	18.194554	10	238.08171

preuss. Metze.	*franz. Kub. Zoll.*	*Decalit.*	*preuss. Metzen.*	*Bushel.*	*preuss. Metzen.*
1	173.17	1	2.911129	1	10.58141
2	346.34	2	5.822258	2	21.16282
3	519.51	3	8.733387	3	31.74423
4	692.68	4	11.644516	4	42.32564
5	865.85	5	14.555645	5	52.90705
6	1039.02	6	17.466774	6	63.48846
7	1212.19	7	20.377903	7	74.06987
8	1385.36	8	23.289032	8	84.65128
9	1558.53	9	26.200161	9	95.23269
10	1731.70	10	29.111290	10	105.81410

E. Gewichtsmaasse.

Tafel VII.

Verwandlung des Kilogramme, preuss. ℔, Troy ℔, Livre und Avoirdupois ℔.

Kilogr.	*preuss. ℔.*	*engl. Troy ℔.*	*Livres.*
1	2.138072	2.67918	2.042876
2	4.276145	5.35836	4.085752
3	6.414217	8.03754	6.128629
4	8.552289	10.71672	8.171505
5	10.690361	13.39590	10.214382
6	12.828434	16.07508	12.257258
7	14.966506	18.75426	14.300134
8	17.104578	21.43344	16.343010
9	19.242650	24.11262	18.385887
10	21.380724	26.79180	20.428763

preuss. ℔.	*Kilogr.*	*engl. Troy ℔.*	*Livres.*
1	0.467711	1.253082	0.955475
2	0.935422	2.506164	1.910951
3	1.403133	3.759245	2.866426
4	1.870844	5.012327	3.821902
5	2.338555	6.265409	4.777377
6	2.806266	7.518491	5.732852
7	3.273977	8.771573	6.688328
8	3.741688	10.024654	7.643803
9	4.209399	11.277736	8.599279
10	4.677110	12.530818	9.554754

engl. Troy ℔.	*Kilogr.*	*preuss. ℔.*	*Livres.*
1	0.3732484	0.798032	0.762501
2	0.7464968	1.596065	1.525001
3	1.1197452	2.394097	2.287502
4	1.4929936	3.192130	3.050002
5	1.8662420	3.990162	3.812503
6	2.2394904	4.788194	4.575003
7	2.6127388	5.586227	5.337504
8	2.9859872	6.384259	6.100004
9	3.3592356	7.182292	6.862505
10	3.7324840	7,980324	7.625005

Livres.	*Kilogr.*	*preuss. ℔.*	*engl. Troy ℔.*
1	0.489506	1.04660	1.311474
2	0.979012	2.09320	2.622948
3	1.468517	3.13980	3.934422
4	1.958023	4.18640	5.245896
5	2.447529	5.23301	6.557370
6	2.937035	6.27961	7.868844
7	3.426541	7.32621	9.180318
8	3.916046	8.37281	10.491792
9	4.405552	9.41941	11.803266
10	4.895058	10.46601	13.114740

Avoirdup. ℔.	*Kilogr.*	*preuss. ℔.*	*engl. Troy ℔.*
1	0.453600	0.969831	1.215278
2	0.907201	1.939662	2.430555
3	1.360802	2.909492	3.645833
4	1.814402	3.879322	4.861111
5	2.268002	4.849153	6.076389
6	2.721603	5.818984	7.291667
7	3.175204	6.788814	8.506945
8	3.628804	7.758645	9.722222
9	4.082105	8.728475	10.937500
10	4.536005	9.698306	11.152778

Tafel VIII.

Verwandlung der Grammen, Lothe und Unzen in einander.

Gramme.	preuss. Loth.	Troy Unze.	Avoirdup. Unze.
1	0.068418	0.032150	0.035273
2	0.136837	0:064300	0.070547
3	0.205255	0.096451	0.105820
4	0.273673	0.128601	0.141093
5	0.342092	0.160751	0.176367
6	0.410510	0.192901	0.211640
7	0.478928	0.225051	0.246913
8	0.547347	0.257201	0.282186
9	0.615765	0.289352	0.317460
10	0.684183	0.321502	0.352733

Troy Unze.	Grammen	preuss. Loth.	Avoirdup Unze.
1	31.10403	2.12809	1.09714
2	62.20807	4.25617	2.19429
3	93.31210	6.38426	3.19143
4	124.41613	8.51234	4.38857
5	155.52017	10.64043	5.48572
6	186.62420	12.76851	6.58286
7	217.72823	14.89660	7.68000
8	248.83226	17.02468	8.77714
9	279.93630	19.15277	9.87429
10	311.04033	21.28085	10.97143

Avdp. Unze.	Grammen.	preuss. Loth.	Troy Unze.
1	28.35003	1.93966	0.91146
2	56.70006	3.87932	1.82292
3	85.05009	5.81898	2.73438
4	113.40012	7.75865	3.64583
5	141.75015	9.69831	4.55729
6	170.10018	11.63796	5.46875
7	198.45021	13.57763	6.38021
8	226.80024	15.51730	7.29167
9	255.10527	17.45696	8.20313
10	283.50030	19.39662	9.11458

pr. Loth.	Grammen.	Troy Unze.	Avoirdup. Unze.
1	14.61597	0.469906	0.51555
2	29.23194	0.939811	1.03111
3	43.84791	1.309717	1.54666
4	58.46388	1.879623	2.06222
5	73.07985	2.249529	2.57777
6	87.69582	2.619434	3.09332
7	102.31178	3.189340	3.60888
8	116.92775	3.759246	4.12443
9	131.54372	4.129152	4.63999
10	146.15969	4.699057	5.15554

Tafel IX.

Verwandlung der Gran, Grains und Milligrammen.

Gramme.	preuss. Gran.	engl. Grains.	franz. Grains.
1	16.420396	15.43208	18.82715
2	32.840792	30.86416	37.65430
3	49.261188	46.29625	56.48145
4	65.681584	61.72833	75.30860
5	82.101980	77.16041	94.13575
6	98.522375	92.59249	112.96290
7	114.942771	108.02457	131.79005
8	131.363167	123.45666	150.61720
9	147.783563	138.88874	169.44435
10	164.203959	154.32082	188.27150

pr. Gran.	Milligr.	engl. Grains.	franz. Grains.
1	60.89987	0.939812	1.146571
2	121.79974	1.879624	2.293142
3	182.69961	2.819436	3.439713
4	243.59948	3.759248	4.586284
5	304.49936	4.699060	5.732855
6	365.39923	5.638872	6.879426
7	426.29910	6.578684	8.025997
8	487.19897	7.518496	9.172568
9	548.09884	8.458308	10.319139
10	608.99871	9.398120	11.465710

engl. Gr.	Milligr.	preuss. Gran.	franz. Grains.
1	64.80007	1.064042	1.220001
2	129.60014	2.128085	2.440001
3	194.40021	3.192127	3.660002
4	259.20028	4.256170	4.880002
5	324.00035	5.320212	6.100003
6	388.80041	6.384254	7.320003
7	453.60048	7.448297	8.540004
8	518.40055	8.512339	9.760005
9	583.20062	9.576382	10.980005
10	648.00069	10.640424	12.200006

fr. Grains.	Milligr.	engl. Grains.	preuss. Gran.
1	53.11478	0.819672	0.872168
2	106.22957	1.639344	1.744335
3	159.34435	2.459016	2.616503
4	212.45914	3.278688	3.488670
5	265.57392	4.098360	4.360838
6	318.68870	4.918032	5.233005
7	371.80349	5.737704	6.105173
8	424.91827	6.557376	6.977341
9	478.03305	7.377048	7.849508
10	531.14780	8.196720	8.721676

Tafel X.

Troy ℔.	preuss. Loth.	Avrdp. ℔.	preuss. Loth.	Livre.	pr. Loth.
1	25.53704	1	31.03458	1	33.4912
2	51.07407	2	62.06916	2	66.9824
3	76.61111	3	93.10374	3	100.4736
4	102.14815	4	124.13832	4	133.9648
5	127.68519	5	155.17290	5	167.4560
6	153.22222	6	186.20748	6	200.9472
7	178.75926	7	217.24206	7	234.4384
8	204.29630	8	248.27664	8	267.9296
9	229.83333	9	279.31122	9	301.4208
10	255.37037	10	310.34580	10	334.9120

Bei der Vorwandlung der Ruthe in Yard p. 175, in der letzten Tabelle 1, 2, 3 bis 10 hinzuzuaddiren.

Register.

Berlin, gedruckt bei C. Feister.

Kolibri 360 GmbH
Ferdinand-Jühlke-Straße 7
99095 Erfurt, Deutschland
produktsicherheit@kolibri360.de